高等学校规划教材

有机化学实验

邱 华 主编

西北工业大学出版社

西 安

【内容简介】 本书主要内容包括有机化学实验室和有机化学实验的综合介绍、有机化学实验基本操作、有机化学合成实验,以及创新和综合性实验等,涵盖 24 个实验。本书旨在培养学生扎实的实验基础和动手能力,在此基础上进一步培养学生发现问题、解决问题的能力,并将有机化学理论知识用于实践中。

本书可作为普通高等学校化学、化工、材料及相关专业的有机化学实验课程教材,也可供相关岗位人员及研究人员参考。

图书在版编目(CIP)数据

有机化学实验 / 邱华主编. —西安 : 西北工业大学出版社,2023.9

ISBN 978 - 7 - 5612 - 9041 - 5

Ⅰ. ①有… Ⅱ. ①邱… Ⅲ. ①有机化学-化学实验-高等学校-教材 Ⅳ. ①O62 - 33

中国国家版本馆 CIP 数据核字(2023)第 188452 号

YOUJI HUAXUE SHIYAN

有 机 化 学 实 验

邱华 主编

责任编辑:王玉玲 熊 云	策划编辑:华一瑾
责任校对:朱晓娟	装帧设计:李 飞

出版发行:西北工业大学出版社

通信地址:西安市友谊西路 127 号　　　　邮编:710072

电　　话:(029)88491757,88493844

网　　址:www.nwpup.com

印 刷 者:陕西瑞升印务有限公司

开　　本:787 mm×1 092 mm　　　　1/16

印　　张:9

字　　数:236 千字

版　　次:2023 年 9 月第 1 版　　　2023 年 9 月第 1 次印刷

书　　号:ISBN 978 - 7 - 5612 - 9041 - 5

定　　价:36.00 元

前　言

　　化学是一门实验性学科,无论是从化学研究之目的——了解物质的结构、性质及其变化,还是从化学研究之应用——制备先进材料,利用化学性质和化学变化为生产和生活服务而言,都不能脱离实验。

　　本书针对西北工业大学本科生"有机化学实验"课程,是在总结了多年的教学实践经验的基础上编写而成的。全书共五部分:第一部分为有机化学实验室和有机化学实验的综合介绍,借鉴了经典教材——高占先先生主编的《有机化学实验》(高等教育出版社,1980年)第一篇内容,介绍了有机化学实验的目的、实验室注意事项、常用仪器使用方法等;第二部分为有机化学实验基本操作,包括8个基础有机化学实验操作;第三部分为有机化学合成实验,包括有机物合成实验及虚拟与仿真实验,涉及有机化合物的合成、分离提纯和表征,内容由浅入深,保证在实验过程中将理论应用于实践;第四部分为创新和综合性实验,新增了近年来欧植泽老师和管萍老师指导的卓越联盟大学生化学新实验设计竞赛参赛获奖实验;第五部分为附录,包括常用元素相对原子质量表、本课程涉及的有机试剂的物理常数及化学品相关法律法规等,便于学生查阅。

　　本书由西北工业大学有机化学实验教学组邱华主编,管萍、李君、李春梅参编。感谢杨汉永、吕玲在实验中所做的贡献,特别是杨汉永老师,他丰富的实践和教学经验为本书的编写提供了有益帮助。在此感谢本科生樊勖、董叶青对本书的卓越贡献,他们对实验方案进行了反复实验以达到最优的实验效果。感谢西北工业大学化学实验教学中心尹德忠教授、王景霞副教授、刘建勋老师、尹常杰老师、颜静老师和西北工业大学普化教学组所有老师的支持和帮助。

　　在编写本书的过程中,参考了相关文献,对其作者深表谢意。

　　因笔者经验不足,书中难免有不当和疏漏之处,敬请读者批评指正,以便不断改进和完善。

编　者

2023 年 3 月

目　　录

第一部分　有机化学实验室和有机化学实验的综合介绍

一　化学实验的目的和学习方法

(一)化学实验的目的

化学是一门以实验为基础的自然科学。化学实验是化学课程不可缺少的一个重要组成部分,是培养学生观察、动手、分析问题和解决问题等多方面能力的重要环节。通过化学实验应达到以下目的:

(1)巩固和加深课堂所学的理论知识,并适当扩大知识面,训练理论联系实际和分析、解决问题的能力。

(2)培养学生熟练地掌握化学实验基本操作技能和正确使用常用仪器,培养学生独立操作的动手能力。

(3)通过实验现象的观察分析、测试数据的处理和实验报告的撰写,使学生学会理论联系实际,并提高其独立思考能力,培养其科学的思维方法。

(4)培养严肃认真、实事求是的科学态度,养成准确细致、清洁整齐的良好实验素养,使学生逐步掌握科学的研究方法。

(二)化学实验的学习方法

要达到实验的预期目的,首先要学习目标明确、学习态度端正以及有良好的学习方法。化学实验的学习方法主要有以下几点。

1. 实验前

(1)必须充分预习。为了确保实验质量,预习时参照实验教材、结合实验操作视频和课件,明确实验目的,清楚实验原理,熟悉实验仪器,了解操作步骤,尤其着重掌握实验的注意事项,并撰写预习报告。

预习报告应包含以下内容:

①实验目的和要求;

②实验原理,特别是合成实验,应包含主反应和主要的副反应的化学方程式;

③查阅原料、产物和主要副产物的化学品安全技术说明书(MSDS),记录其物理常数,了解其危害性及注意事项,并根据实验中所采用的试剂用量计算理论产量;

④正确而清楚地画出仪器装置图,并标注各部分仪器名称;

⑤用框图形式表示整个实验流程,并在每个框图内简要注明关键操作和注意事项。

(2)熟悉实验室仪器、水电开关和常用消防器材的位置及使用方法。

(3)做好防护。准备长袖防护工作服(白大褂)、护目镜和防护手套。禁止穿露脚趾的鞋进入实验室,长发需束起以免沾染试剂。实验中禁止佩戴隐形眼镜。

2. 实验中

根据实验教材给出的方法、步骤和试剂用量来进行操作,并应做到下列几点:

(1)必须集中精力。严禁扎堆聊天、玩手机、听音乐、看其他书籍以及擅离实验台。应经常注意仪器是否有破损、破裂、漏气、跑水,注意反应是否正常进行,并如实记录实验现象。

(2)严防水银等有毒物质流散污染实验室。温度计破损及发生意外事故应及时向教师报告并采取必要的措施。不得私自重做实验。损坏仪器、设备应如实说明情况。

(3)随时保持实验室内台面、地面、水池清洁。回收的有机溶剂倒入指定的回收瓶,废液及废渣倒入相应的废液桶。

(4)严格按照实验要求的用量取用药品,防止药品浪费。洒落的药品要及时清理,试剂瓶用完应立即盖好盖子,天平应归零。

(5)仪器、药品、试剂使用完毕应放回原处,不得将实验所用仪器、药品带离实验室。

实验记录的撰写应包括以下内容:

(1)反应所用试剂的名称、规格、使用顺序与用量;

(2)反应每一步的具体时间、内容、设置的温度、重要的实验现象,如固体的产生与溶解、反应液颜色变化,以及分离纯化所用试剂、顺序、用量和现象等;

(3)粗产物和最终产物的性状、质量;

(4)表征图谱和数据等。

3. 实验后

实验课后的具体要求如下:

(1)打扫实验台,清洗玻璃仪器。将本人所负责的玻璃仪器和设备放回抽屉和柜子里。公用仪器摆放整齐。

(2)实验记录必须经教师检查、签字,方可离开实验室。

(3)值日生打扫卫生,包括试剂的整理和摆放、桌面清洁及地面清扫。检查水、电、仪器设备及实验室安全,关好门、窗,待教师检查后方可离开实验室。

(4)总结实验记录,分析实验结果,独立撰写实验报告,特别是根据实验操作情况就产物的质量和数量、实验中出现的问题等进行讨论,以总结经验和教训。

二　有机化学实验室规则

进入实验室请首先仔细阅读以下规则,并遵守规则进行实验。

(1)实验室内和试剂储存区域附近严禁吸烟。

(2)禁止将食物和饮料(包括口香糖和其他糖果)带入实验室或试剂储存区域,实验室使用的冰箱、冷柜、烘箱和微波炉等严禁用于个人食物或饮料的储存与制作。

(3)服装应适合于实验室工作,实验室应穿防护服,不要穿拖鞋及露趾的鞋子;实验时勿戴隐形眼镜及影响实验操作的首饰,长发需束起。

(4)从事某项实验操作前,应了解该项操作的潜在危险源,并掌握适当的安全预防措施。

(5)将所有的实验物质都视为有害,除非已确定其是安全的。

(6)根据所进行的实验选用合适的防护装备,实验时勿将使用中的手套带离实验室。

(7)无论化学品的浓度高低,接触化学品后应清洗接触过的皮肤;离开实验室前洗手,即使离开很短时间;切勿用溶剂洗手,防止加速皮肤对有毒物质的吸收;皮肤接触试剂后立即用肥皂和水冲洗,至少冲洗 15 min。

(8)避免吸入试剂,切勿用鼻子直接闻的方法来鉴别试剂。

(9)保持工作台面和橱柜的干净整洁;仪器使用后应清洗干净放回原位,试剂取用完毕后及时盖好盖子,放回原位并摆放整齐。

(10)实验室工作区域内只储存所需的最少量的化学物品,并确保包装具有正确的名称标签。

(11)应使用安全容器来转移化学品;不要同时传递相互间可能产生化学反应的化学物质;传递材料时应采取恰当的保护措施,如使用封闭性的容器。

(12)特殊的废弃物,如碎玻璃器皿、注射器针头,应放在指定类型的容器中分类处理;废液应按照性质种类倒入相应的废液桶。

(13)不要在实验室内打闹嬉戏,不要在实验室或走廊中奔跑。

(14)开关实验室门或进出实验室时应小心谨慎。

(15)定期检查安全设备,以确保其正确使用和维持良好状态。

(16)定期检查和复核环境和要求,给所有安全设施加贴标签并确保其良好的运行状态。

(17)实验成绩由四部分组成,其中实验预习占 10%,实验操作占 50%,实验报告占 30%,台面整理、卫生和纪律共占 10%。

三　有机化学实验中事故的预防及急救常识

(一)事故的预防

(1)在有机化学实验中,常使用易燃、易爆、易挥发有机溶剂,如乙醇、乙醚、苯和丙酮等,若操作不慎,易引起着火事故。为了防止事故的发生,必须随时注意以下几点:

①实验室内严禁明火操作,使用易燃、易挥发溶剂时,应远离热源,并保持通风。

②实验前应仔细检查仪器,勿用破裂或损坏的实验仪器。要求操作准确、规范。

③实验室里不宜存放大量易燃试剂,不同种类的药品按照要求分类储存。

一旦发生着火事故,应首先关闭电源,然后迅速把周围易燃物移开,采用灭火毯或干砂覆盖火源。有机溶剂着火时,正确使用灭火器,在大多数情况下,严禁用水灭火。

(2)在有机化学实验中,为避免实验室事故,应做到以下几点:

①禁止使用易燃、易制爆危险化学品。例如,有机过氧化物、芳香族多硝基化合物和硝酸酯等受热、受物理或机械撞击会爆炸。蒸馏长期存放的乙醚时,应先检查过氧化物的存在,否则有爆炸的危险。芳香族多硝基化合物不宜在烘箱内干燥。乙醇和浓硝酸混合会发生强烈

爆炸。

②正确安装仪器装置及正确操作。例如:在常压下蒸馏或加热回流时装置不可密闭,必须保持与大气连通;减压蒸馏时应用耐压厚壁的烧瓶。

(3)使用或反应过程中产生氯、溴、氧化氮、卤化氢等有毒气体或液体的实验,应在通风橱内进行,并用气体吸收装置吸收产生的有毒气体。

(4)取用剧毒化学试剂绝对不允许与手直接接触,应佩戴防护目镜和橡胶手套,并注意不让剧毒物质洒落在桌面上(最好在大的搪瓷盘中操作)。仪器用完后,应立即洗净。

(5)当发现仪器有漏电现象时,应立即关闭电源开关,并通知老师进行仪器更换。

(6)做实验前应尽可能阅读所使用试剂的 MSDS,知悉药品的毒性、危险性、预防及应急措施等,做好个人安全防护。

(7)实验结束后,应该分类回收、统一处理实验产生的废化学品。进入下水道的化学品必须是无毒的、水溶性(质量浓度不小于 3%)的、生物可降解的、不燃烧的,一次排放量应不大于 100 g,并溶于大量水中。

(二)有机化学实验室急救常识

(1)若乙醇、苯或乙醚等起火,应立即用灭火毯或沙土(实验室备有灭火沙箱)等灭火。若遇电器设备着火,必须先切断电源,再用二氧化碳灭火器灭火。

(2)被玻璃割伤时,如为一般轻伤,应及时将污血挤出,把玻璃碎片用消过毒的镊子取出,然后用蒸馏水清洗伤口,涂上碘伏或红药水,再用绷带包扎或贴上创口贴;如伤口较大,应立即用绷带扎紧伤口上部止血,送附近医院就诊。

(3)遇有烫伤事故,可用高锰酸钾或苦味酸溶液清洗灼伤处,再擦上凡士林或烫伤膏。

(4)若眼睛或皮肤溅上强酸或强碱,应立即用大量清水冲洗。若浓硫酸不小心溅到皮肤上,应立即用大量清水冲洗至少 15 min;若被碱灼伤,需用 2% 醋酸溶液(或饱和硼酸溶液)洗后用大量水冲洗,再涂上药用凡士林。

(5)氢氟酸灼伤时,由于氟离子渗透性强,易穿透皮肤组织进入机体,造成氟中毒,且氟与血液中的钙离子迅速结合形成氟化钙,造成血液中钙离子浓度骤降且侵蚀骨质,故应迅速补充钙离子。应用葡萄糖酸钙凝胶或氧化镁钙软膏涂抹患处,须至少涂抹 30 min 以上,直到疼痛消除 15 min 以上才停止;可同时注射葡萄糖酸钙溶液;若是大面积的接触,在送医途中可将患部浸泡在含钙或镁的溶液或乳胶中。

(6)金属汞易挥发,且其蒸气有剧毒,一旦洒落应立即通风,戴上手套及口罩,用吸管或纸片将汞收集起来,并用硫磺粉覆盖散落的汞,使之反应生成不挥发的硫化汞。

(7)一旦误服有毒物质,可在一杯温水中加 5~10 mL 稀硫酸铜溶液,内服、催吐,然后立即送医院就医。

(8)若吸入氯气、氯化氢等有毒气体,可吸入少量乙醇和乙醚的混合蒸气以解毒;若吸入硫化氢气体而感到不适或头晕时,应立即到室外呼吸新鲜空气。

(9)遇有触电事故应立即切断电源,必要时进行人工呼吸,对伤势较重者应立即送医。

四　有机化学实验常用仪器及操作

(一)常用玻璃仪器

1. 烧瓶(Flask)

烧瓶是有机化学实验中最常用的一种反应容器,实验中根据反应类型及试剂量选择合适的烧瓶。本课程主要用到的烧瓶如图1-1所示。

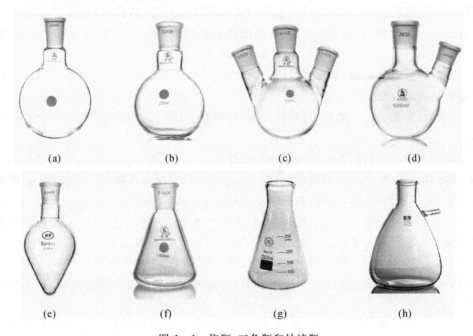

图1-1　烧瓶、三角瓶和抽滤瓶
(a) 圆底烧瓶;(b) 平底烧瓶;(c) 斜三口烧瓶;(d) 斜二口烧瓶;
(e) 梨形烧瓶;(f) 磨口锥形烧瓶;(g) 三角瓶;(h) 抽滤瓶

(1)圆底烧瓶:实验室内盛放液体的容器,耐热,特别适合加热煮沸液体,在有机合成和蒸馏实验中最常使用,也常用作减压蒸馏的接收器。常用圆底烧瓶的规格为1 000 mL、500 mL、250 mL、100 mL、50 mL、10 mL和5 mL。

本书实验四蒸馏和分馏及实验五减压蒸馏中均用圆底烧瓶作为蒸馏烧瓶;实验六辣椒色素的提取、实验十溴乙烷的制备、实验十五乙酰苯胺的制备、实验十六微波辅助法合成肉桂酸中用圆底烧瓶作为反应瓶。

(2)平底烧瓶:由于底部较平,加热时容易受热不均,一般不可以直接加热;当需要加热时,需垫上石棉网,且溶液体积不超过烧瓶容积的1/2。

(3)斜三口烧瓶:最常用于滴加蒸出反应或需进行搅拌的实验。中间瓶口装电动搅拌器,两侧口分别装回流冷凝管、滴液漏斗或温度计等。常用斜三口烧瓶的规格为1 000 mL、500 mL、250 mL、100 mL和50 mL。

本书实验十三环己酮的制备、实验十四乙酸乙酯的制备中用斜三口烧瓶作为反应瓶。

(4)斜二口烧瓶:常用于微量、半微量制备实验中作为反应瓶,中间口接回流冷凝管、分水器、微型蒸馏头、微型分馏头等,侧口装温度计、加料管等。常用斜二口烧瓶的规格为 100 mL、50 mL 和 10 mL。

本书实验十二正丁醚的制备中斜二口烧瓶用作反应瓶。

(5)梨形烧瓶:性能、用途与圆底烧瓶相似,适用于合成少量有机化合物的实验,可保持较高的反应液面,蒸馏时残留的液体也较少。常用梨形烧瓶的规格为 100 mL、50 mL 和 25 mL。

本书实验十五乙酰苯胺的制备中梨形烧瓶用作接收瓶。

(6)磨口锥形烧瓶:也叫三角烧瓶,或简称锥形烧瓶,常用于有机溶剂进行重结晶的操作,或有固体产物生成的合成实验中,因为生成的固体容易从锥形烧瓶中取出来。其通常也用作常压蒸馏实验的接收器,但不能用作减压蒸馏实验的接收器。常用磨口锥形烧瓶的规格为 500 mL、250 mL、100 mL、50 mL、25 mL 和 10 mL。

本书实验四蒸馏和分馏、实验十溴乙烷的制备、实验十四乙酸乙酯的制备中磨口锥形烧瓶用作蒸馏产物的接收瓶。

(7)三角瓶:为非磨口三角瓶,也叫锥形瓶,多用在分析化学的滴定实验中,也常作为接收瓶使用。

本书实验十溴乙烷的制备中三角瓶用作接收瓶。

(8)抽滤瓶:也叫吸滤瓶或布氏烧瓶(Büchner Flask)。与布氏漏斗配合使用,是常用的减压过滤装置,发明者为 1907 年诺贝尔化学奖获得者 Eduard Büchner。

由于抽滤时需要抗衡一定的负压,因此抽滤瓶比锥形瓶壁厚。使用时,将布氏漏斗通过橡胶塞或抽滤垫与抽滤瓶安装好,且布氏漏斗下端斜口正对抽滤瓶支管口处。再用橡胶管将抽滤瓶支管口与真空泵连接。先用溶剂将滤纸润湿,打开真空泵,使滤纸严密贴合在布氏漏斗中,倒入待抽滤液,液体加速流出。停止抽滤时,应先拔下抽滤瓶支口的橡胶管,再关闭真空泵开关,防止倒吸。

本书实验十五乙酰苯胺的制备、实验十六微波辅助法合成肉桂酸实验中抽滤瓶用于减压过滤装置中。抽滤瓶也常作为安全瓶用于减压蒸馏实验中。

2. 冷凝管(Condensation tube)

冷凝管利用热交换的原理使冷凝性的气体冷却凝结为液体,起冷凝或回流的作用。常用冷凝管如图 1-2 所示。

(1)直形冷凝管:适用于蒸气温度小于 140 ℃的情况,并在内管内通冷却水;当蒸气温度高于 140 ℃时,冷凝管可能会在内管和外管的接合处炸裂。其用于蒸馏和分馏实验时,不用于回流。冷却水下口进水、上口出水,水流速度不宜过大,能使蒸气充分冷凝即可,防止把橡胶管弹出而造成喷水。常用直形冷凝管规格为 400 mm、300 mm 和 200 mm。

本书合成实验中多采用直形冷凝管。

(2)球形冷凝管:其内管的冷却面积较大,对蒸气的冷凝效果较好。其用于加热回流的实验,适用于各种沸点的液体。常用的球形冷凝管长度为 300 mm、200 mm、120 mm 和 100 mm。

(3)蛇形冷凝管:用于加热回流的实验,适用于沸点较低的液体。

(4)空气冷凝管:适用于蒸气温度高于 140 ℃时,代替通冷却水的直形冷凝管。

本书实验十六微波辅助法合成肉桂酸中,空气冷凝管与球形冷凝管共用进行醋酸的回流。

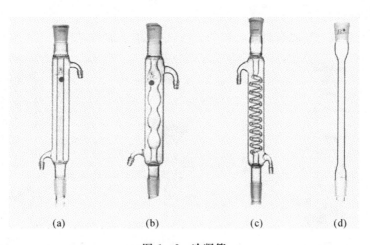

(a)　　　　　(b)　　　　　(c)　　　　　(d)

图 1-2　冷凝管

(a) 直形冷凝管；(b) 球形冷凝管；(c) 蛇形冷凝管；(d) 空气冷凝管

3. 分馏柱(Fractional Column)

分馏柱的主要结构是一根长而直、柱身有一定形状的空玻璃管,其常用于有机液体化合物的分馏实验中。常用分馏柱如图 1-3 所示。

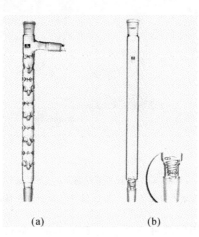

(a)　　　　　(b)

图 1-3　分馏柱

(a) 刺形分馏柱；(b) 填充型分馏柱

(1)刺形分馏柱:也叫维氏(Vigreux)分馏柱,其柱身每隔一定距离有向内伸入的三根向下倾斜的刺状物,且刺状物之间呈螺旋状排列。刺形分馏柱的特点是气液接触面大、柱子阻力小、附液量少、易清洗,但其效率不高,一般用于分离要求不高、液体量少的场合。

本书实验四蒸馏和分馏中刺形分馏柱用于乙醇的分馏。

(2)填充型分馏柱:其填充物以玻璃、瓷或金属棉为主,其中玻璃(玻璃珠、玻璃单环)和瓷最为常用,其优点是不会与有机化合物发生反应,耐腐蚀。填充型分馏柱效率较高,且填充物越小效率越高,瓷环由于内部带有中隔,分离效率更高。金属丝或金属网为填料的分馏柱理论塔板数为刺形分馏柱的数倍至数十倍,但其价格较高,操作时附液量也较大。

4. 漏斗（Funnel）

漏斗多用于液-液、液-固有机化合物的分离，也可用于加料，如图1-4所示。

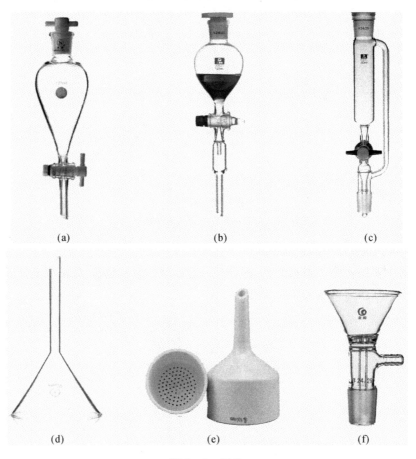

图 1-4　漏斗
（a）梨形分液漏斗；（b）长颈滴液漏斗；（c）恒压分液漏斗；
（d）普通三角漏斗；（e）布氏漏斗；（f）三角抽滤漏斗

其中，图1-4(a)～(c)常用于液体有机化合物的分离、加液，(d)～(e)多用于液-固有机化合物的分离（即过滤）。常用的过滤方法有普通过滤（常压过滤）、减压过滤（抽气过滤/真空过滤）、加热过滤、离心过滤、过滤滴管过滤等。不同的过滤方法采用的过滤仪器也有所不同。

（1）梨形分液漏斗：用于液体的萃取、洗涤和分离。分液漏斗的磨口塞一般为非标准磨口塞，用完后应在磨口塞处衬一纸条，防止黏结。下部旋塞有玻璃旋塞和聚四氟乙烯旋塞两种。实验室常用梨形分液漏斗的规格有125 mL、250 mL、500 mL和1 000 mL等。

本书实验十溴乙烷的制备、实验十二正丁醚的制备、实验十四乙酸乙酯的制备中，梨形分液漏斗用于有机液体化合物的洗涤、萃取和分离。

（2）长颈滴液漏斗：用于滴加反应中，把液体逐滴加入反应瓶中，通过调节旋塞控制液体滴加速度，从而控制反应速度。

本书实验十四乙酸乙酯的制备中用下端为J型弯管的滴液漏斗滴加乙醇与乙酸的混合物，可将混合物直接滴加入反应液中，防止乙醇和乙酸直接受热蒸出。

(3)恒压滴液漏斗:也叫恒压分液漏斗,可进行分液、萃取等操作。恒压滴液漏斗通过一侧支管连接了滴液漏斗和反应瓶,使其在使用过程中可以保证内部压强不变,一是可以防止液体倒吸,二是可使漏斗内液体顺利流下,三是可以减小增加的液体对气体压强的影响,在测定气体体积时更加准确。

本书实验十三环己酮的制备中恒压滴液漏斗用于滴加反应物次氯酸钠溶液。

(4)三角玻璃漏斗:为 60°角的圆锥形三角玻璃漏斗,在普通过滤时使用,也可用于加液,防止液体洒出。普通过滤是最为简便和常用的过滤方法,过滤时使用三角玻璃漏斗和滤纸一起进行过滤。

(5)布氏(Büchner)漏斗:是瓷质的多孔板漏斗,在减压过滤时与抽滤瓶配合使用。减压过滤,又名真空过滤,借助于真空泵产生的负压,可大大提高抽滤速度。使用时,在漏斗中放入大小合适的滤纸或滤膜,在下端颈部通过橡皮塞或抽滤垫与抽滤瓶连接,然后再用橡胶管连接抽滤瓶的支管口与循环水泵的抽气孔。

本课程实验中布氏漏斗用于有机固体化合物的减压过滤。

(6)三角抽滤漏斗:用于减压抽滤,可用于少量液体和固体的分离。

本课程实验中三角抽滤漏斗用于液体有机化合物干燥后的减压过滤,以及分离固体干燥剂,如实验十三环己酮的制备、实验十四乙酸乙酯的制备。

此外,还有砂芯漏斗和保温漏斗。砂芯漏斗的砂芯滤板由烧结玻璃料制成,可用于过滤酸性液体。采用常压或减压对饱和热溶液过滤时,容易在漏斗内造成结晶析出,堵塞滤纸和滤孔使过滤困难,这时需要用保温漏斗进行加热过滤。保温漏斗一般为可通热水的铜制漏斗。

5. 常用连接器(Adapter)

图 1-5 中连接器多数用于连接各种仪器。

(1)接引管、真空接引管、真空二叉管和真空三叉管:用于连接接收瓶。真空接引管用于常压蒸馏中连接磨口锥形瓶;减压蒸馏中,承接常采用真空二叉管或三叉管连接不同的圆底瓶,接收不同温度的组分。

本课程有机液体化合物的制备及蒸馏精制中采用真空接引管。本书实验五减压蒸馏中采用真空二叉管连接圆底烧瓶接收不同温度的苯胺馏分。

(2)蒸馏头:用于连接常压蒸馏装置中的圆底烧瓶与冷凝管,上面安装温度计用于测量蒸气的温度。

(3)克氏蒸馏头:用于连接减压蒸馏装置中的蒸馏烧瓶与冷凝管。

(4)直型干燥管、弯型(U 形)干燥管和斜型(L 形)干燥管:用于干燥气体、除去气体中杂质,也用于防止吸潮或吸湿的有机合成反应中。干燥管中间填充适当的干燥剂,如碱石灰、烧碱石棉等以吸收二氧化碳,或加入无水氯化钙、五氧化二磷等以吸收水分等。干燥剂填装方法为,先在干燥管(球形)底部放入少量脱脂棉,再放入适量干燥剂,然后在上面再塞入少量脱脂棉,使干燥剂夹在脱脂棉中间防止其渗漏或带出。

本书实验十六微波辅助法合成肉桂酸中用直型干燥管吸收反应过程中产生的乙酸。

(5)75°蒸馏弯头:又叫 75°弯管,常用于烧瓶与冷凝管之间的连接。

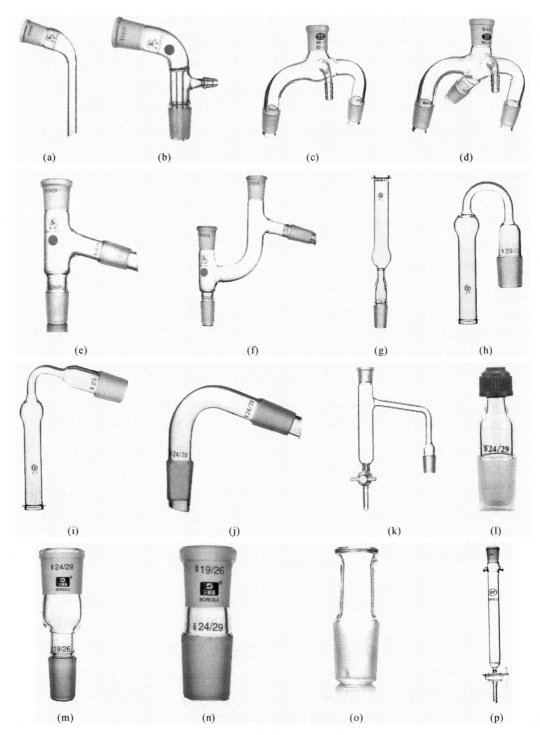

图 1-5　常用连接器

（a）接引管/牛角管；（b）真空接引管；（c）真空二叉管；（d）真空三叉管；（e）蒸馏头；
（f）克氏蒸馏头；（g）直型干燥管；（h）弯型干燥管；（i）斜型干燥管；（j）75°蒸馏弯头；（k）分水器；
（l）温度计套管；（m）19/24 小大接头；（n）24/19 大小接头；（o）标准空心玻璃塞；（p）层析柱

本书实验十溴乙烷的制备中 75°蒸馏弯头用于连接反应圆底烧瓶与冷凝管。

(6)分水器:又名油水分离器,是根据密度差利用重力沉降原理去除杂质和水。反应前,先在分水器中加满水至其支管处,然后从下面旋塞放出适量的水,放出水的体积约为理论生成的水量;反应过程中,有机溶剂与副产物水经蒸发、冷凝并回流至分水器中,液面逐渐上升;由于密度不同,水进入下层,上层有机相到达支管口处,然后回流至反应瓶中继续参与反应,从而可促进反应向正反应进行,提高反应物的转化率和产物的产率。

本书实验十二正丁醚的制备中分水器用于分离副产物水,而上层的反应物正丁醇与产物正丁醚的混合物则回流至反应瓶内继续参与反应。

(7)温度计套管:连接温度计与玻璃仪器,代替传统的打孔橡胶塞。常用规格有 14 口、19 口和 24 口。

(8)19/24 小大接头和 24/19 大小接头:转换头,用于连接不同口径的玻璃仪器。如 19/24 小大接头用于 19 口与 24 口玻璃仪器的转换接头。

(9)标准空心玻璃塞:为标准磨口玻璃塞,代替橡胶塞。

(10)层析柱:是柱色谱分离中的主体,一般用玻璃管或有机玻璃管。它根据样品混合物中各组分在固定相和流动相中分配系数不同进行分离。

本书实验八柱色谱中层析柱用于辣椒色素的柱色谱分离。

6. 其他玻璃仪器

本书中的实验还用到的其他玻璃仪器如图 1-6 所示。

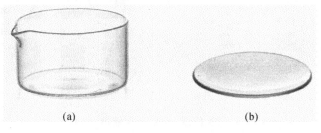

(a)　　　　　　　　　　　　　　(b)

图 1-6　玻璃仪器
(a)结晶皿;(b)表面皿

(1)结晶皿(Crystallizing Dish):用于结晶实验,或对固体进行重结晶,以达到精制、提纯的目的。

本课程实验中结晶皿用作水浴容器或油浴容器。

(2)表面皿(Watch Glass):可用来蒸发液体,不可直接加热,需垫上石棉网;也可作烧杯或蒸发皿的盖子,防止灰尘落入及减少溶剂挥发;也可作为 pH 试纸的承载器,防止待测酸液或碱液腐蚀实验台。

本课程实验中表面皿用作重结晶过程中烧杯加热时的盖子,以及 pH 检测时的承载器。

(二)常用实验装置

有机化学实验中用到的实验装置很多,这里仅对本课程所用到的部分实验装置,如回流冷凝装置、滴加回流冷凝装置、回流分水反应装置、滴加蒸出反应装置、加热搅拌反应装置等进行简单介绍。

1. 回流冷凝装置

很多有机化学反应在室温下反应很慢或很难进行。为了加快反应进行,通常加热反应物使其保持长时间沸腾。加热过程中,采用回流冷凝装置使产生的蒸气在冷凝管内冷凝而流回反应瓶内,既可以减少反应物、产物或溶剂的挥发逸出,避免易燃、易爆或有毒物质引发实验事故或大气污染,也可确保产物产率。

有的有机化学反应在室温下可以进行,但反应剧烈,反应物或产物沸点较低,易挥发,或是有毒性、腐蚀性或刺激性气体产生,此时反应容器上也必须安装冷凝管,防止低沸点反应物或产物及有毒气体逸出。

图1-7为回流冷凝装置,其中图1-7(a)是最为简单和常见的回流冷凝装置,由反应瓶和冷凝管组成。反应瓶内加入反应物或溶剂等,液体体积占烧瓶容积的1/2为宜,不得超过2/3。实验时,根据不同的反应需求,可选用单口、二口、三口或四口烧瓶作为反应瓶。回流冷凝管依据反应瓶内液体的沸点而定,140 ℃以下采用球形冷凝管或蛇形冷凝管,140 ℃以上应采用空气冷凝管。

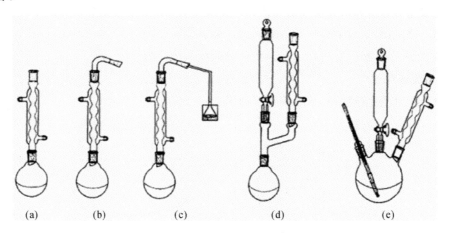

图1-7 回流冷凝装置

(a) 简单回流装置;(b) 无水回流装置;(c) 气体吸收回流装置;(d)(e) 滴加回流冷凝装置

加热前在烧瓶内加入少量沸石防止暴沸,也可借助磁力搅拌加入一粒搅拌子将反应混合物搅拌均匀。反应停止后如需再重新加热,要再次补加沸石。加热反应前,先检查装置接口严密性,然后通冷却水,再开始加热。冷凝管夹套内冷却水应从下口进、上口出,水流速度不宜过快,能使蒸气充分冷凝即可。

为了防止反应物吸湿受潮,可在冷凝管上端装弯型氯化钙干燥管,如图1-7(b)所示。图1-7(c)中为了避免反应中产生的有害气体逸出造成事故或污染,接入气体吸收装置。图1-7(d)为通过克氏蒸馏头在单口烧瓶上同时接入恒压滴液漏斗和回流冷凝管,一般也可用二口烧瓶或三口烧瓶代替[见图1-7(e)]。

2. 滴加回流冷凝装置

在某些有机反应中,反应现象较为剧烈或反应过程中放热量大,如将反应物一次全部加入会使反应难以控制,或者某些反应中为了控制反应物的选择性,也采用分批加入反应物的方式。在这些情况下,通常采用滴加回流冷凝装置,将一种反应物或反应混合物通过滴液漏斗逐滴加入反应体系中,如图1-7(d)(e)所示。常用滴液漏斗或恒压滴液漏斗滴加。

3. 回流分水反应装置

在进行某些可逆平衡反应时,为了使反应向正反应方向进行,可将反应产物之一不断从反应混合物体系中除去。常采用回流分水装置除去生成的水。

图1-8为几种常用的带有分水器的回流装置,即在蒸馏瓶与回流冷凝管之间增加了一支分水器。反应过程中蒸气冷凝回流后进入分水器,根据密度差,利用重力沉降原理,上层有机层随着液面升高可流回反应瓶内继续参与反应,而生成的水则进入分水器下层而除去,从而促进反应向正反应方向进行。

本书实验十二正丁醚的制备中就利用了回流分水装置来提高反应产率。

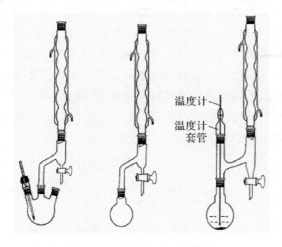

温度计
温度计套管

图1-8　回流分水反应装置

4. 滴加蒸出反应装置

某些有机反应,需要一边滴加反应物一边将产物或产物之一蒸出反应体系,防止产物发生二次反应。特别是在可逆平衡反应中,蒸出产物还能促进反应向正反应方向进行。

本书实验十四乙酸乙酯的制备中采用如图1-9所示的滴加蒸出反应装置,反应过程中一边通过滴液漏斗逐滴滴加乙醇与乙酸的反应混合液,一边通过分馏柱分离生成的产物乙酸乙酯和水,达到提高产率的目的。

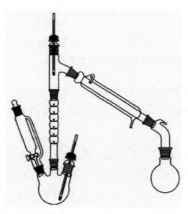

图1-9　滴加蒸出反应装置

5. 加热搅拌反应装置

有机合成中常边加热边搅拌,通过搅拌的方式将反应混合物搅拌均匀,避免反应液局部过热,同时使反应物充分接触,增大分子间碰撞概率,提高反应效率,缩短反应时间,还可减少副反应的发生。

有机实验常规加热方式为水浴、油浴、砂浴和电加热套加热,实验室内严禁使用明火加热,特别是使用大量易燃、易挥发有机溶剂时。搅拌装置有磁力搅拌和电动机械搅拌等。实验室常用的加热搅拌装置有恒温磁力搅拌电加热套[见图1-10(a)]、恒温磁力搅拌电加热台[见图1-10(b)]和恒温磁力搅拌器[见图1-10(c)],三者均自带磁力搅拌。

(1)恒温磁力搅拌电加热套:电加热套是由玻璃纤维包裹着电热丝织成帽状的加热器,具有操作简便、加热功率和搅拌速度连续可调的特点。

加热温度可通过调节电压或设定加热温度进行控制,调节搅拌速度使反应液受热均匀。使用时,将盛有反应液和搅拌子的烧瓶或烧杯直接放入电加热套内加热,且烧瓶底部与电加热套底部应保留0.5～1 cm的距离,防止烧焦。电加热套上带有温度传感器,将传感器放入反应液中进行反应温度的控制;但鉴于反应液具有腐蚀性,一般采用温度计测量反应温度,此时应将传感器放入电加热套内且贴近烧瓶,使传感器温度接近反应液的实时温度。停止加热时,应将电压旋钮调至零,或将设定温度调至0 ℃,并拔下电源。

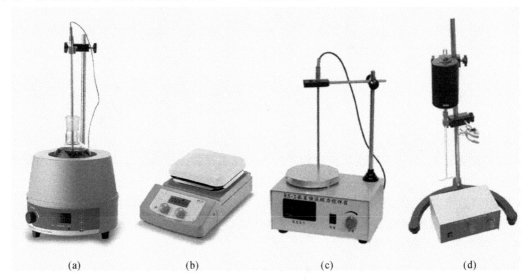

(a)   (b)   (c)   (d)

图 1-10 常用搅拌器
(a)数显恒温磁力搅拌电加热套;(b)数显恒温磁力搅拌电加热台;(c)数显恒温磁力搅拌器;(d)电动机械搅拌器

另外,使用电加热套时还应避免易燃液体漏入电加热套内引起火灾。可先将反应物加入烧瓶后再放入电加热套内,或通过漏斗添加试剂,同时将烧瓶外表面的水或试剂擦干再放入电加热套内。

(2)磁力搅拌电加热台和恒温磁力搅拌器:可通过电加热台加热烧杯或圆底烧瓶,更多的是则是将反应烧瓶置于电加热台加热的水浴或油浴中,使加热更为均匀、温度更易控制。

(3)电动机械搅拌器[见图1-10(d)]:利用电动机带动搅拌棒进行机械搅拌,与磁力搅拌相比,其搅拌速度更高,适用于有机实验和黏度较高的高分子化学合成实验,加热还需另搭配加热装置使用。图 1-11 为常用的电动搅拌反应装置,可同时加热、滴加和回流,并监控反应温度。

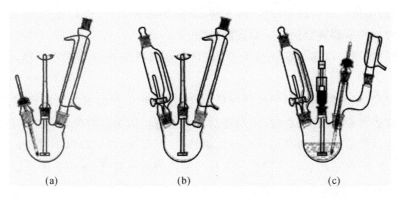

(a)　　　　　　　(b)　　　　　　　(c)

图 1-11　电动搅拌反应装置

(三)仪器的连接、装配和拆卸

1. 仪器的连接

有机化学实验中所用玻璃仪器间的连接一般采用两种形式,一种是靠塞子连接,一种是靠仪器本身的磨口连接。

(1)塞子连接:连接两件玻璃仪器的塞子有软木塞和橡皮塞两种。塞子应与仪器接口尺寸相匹配,一般以塞子的 1/2～2/3 插入仪器接口内为宜。塞子材质的选择取决于被处理物的性质(如腐蚀性、溶解性等)和仪器的应用范围(如低温还是高温,常压还是减压下操作)。先选择合适尺寸的塞子,再用适宜孔径的打孔器钻孔,然后将玻璃管等插入打好的孔中,即可把仪器等连接起来。目前橡胶塞打孔费时、费力,而且橡胶塞易被腐蚀,会污染处理物等,逐渐被磨口连接所取代。

(2)标准磨口连接:除了少数玻璃仪器(如分液漏斗的旋塞和磨塞的磨口部位是非标准磨口)外,绝大多数玻璃仪器上的磨口是标准磨口。我国标准磨口是采用国际通用技术标准,常用的是圆台形标准磨口。依据玻璃仪器的容量及用途可采用不同尺寸的标准磨口。常用的标准磨口系列为 14、19、24、29、34 等。标准磨口常标有数字,如 24/29,其中 24 表示磨口大端直径为 24 mm,29 为磨口部位的高度为 29 mm。

仪器上带内磨口还是外磨口取决于仪器的用途。相同标号的一对磨口可以相互严密连接,不同标号的一对磨口需要用转接头,如大小接头或小大接头过渡才能紧密连接。常用标号和容量或长度表示仪器的规格。

标准磨口仪器使用时应注意以下事项:

(1)磨口部位必须保持表面清洁,特别是不能沾有固体杂质,否则仪器间连接不紧密。硬质颗粒还会造成磨口表面永久性损伤,破坏磨口的严密性。

(2)标准磨口仪器使用完毕后必须立即拆卸、洗净,各部件分开存放,否则磨口连接处会发生黏结,难以拆开。非标准磨口部件(如滴液漏斗的旋塞)不可分开存放,应在磨口间夹上纸条以免日久黏结。

磨口仪器不宜长期存放盐类或碱类溶液,主要是由于时间长了,这些溶液会渗入磨口连接处,蒸发后析出固体物质使磨口黏结。使用磨口装置处理这些溶液时,应在磨口涂润滑剂。

(3)常压下使用磨口仪器一般不需润滑,以免玷污反应物或产物。为防止仪器黏结,也可在磨口靠大端的部位涂少量的润滑脂(凡士林、真空脂或硅脂)。如要处理盐类溶液或强碱性物质,则应将磨口的全部表面涂上一薄层润滑脂。

减压蒸馏时仪器磨口部位必须涂润滑脂,且应在涂敷前将仪器洗刷干净,磨口表面保持干燥。

从内磨口涂有润滑脂的仪器中倾倒物料前,应先将磨口表面的润滑脂用有机溶剂擦拭干净(用脱脂棉或滤纸蘸石油醚、乙醚、丙酮等易挥发的有机溶剂),以免物料受到污染。

(4)正确遵循使用规则,磨口很少会发生黏结;一旦发生,可采取以下措施:

①液体渗透:将黏结的磨口仪器在水中长时间浸泡或可打开;也可在磨口缝隙处滴入几滴甘油,如若能慢慢渗入连接处或可松开。

②加热磨口部位:用吹风机加热或热毛巾包裹黏结的磨口,或在教师指导下小心地用灯焰烘烤磨口外部几秒(仅使外部受热膨胀,内部还未热起来),再试验能否将磨口打开。

③煮沸:将黏结的磨口仪器放在水中逐渐煮沸,常常也能使磨口打开。

④振动:用木板沿磨口轴线方向轻轻地敲击外磨口的边缘或会使磨口松开。

若磨口表面已被碱性物质腐蚀,则很难打开了。

2. 仪器装置的装配

在有机化学实验中,使用同一标号的标准磨口仪器,组装起来方便快捷且仪器严密性好,每件仪器的利用率高、互换性强,用较少的仪器即可组装成多种多样的实验装置。

仪器的装配应按照由下至上、由左至右(或由右至左)的顺序。以滴加蒸出反应装置(见图 1-9)为例说明仪器装配过程及注意事项。首先选定三口烧瓶的位置,它的高度由热源(如电加热套)的高度决定。然后以三口烧瓶的位置为基准,依次装配分馏柱、蒸馏头、直形冷凝管、接引管和接收瓶。调整两支温度计在螺口接头中的位置并固定好。将螺口接头装配到相应磨口上,再装上恒压滴液漏斗。除像接引管这种小件仪器外,其他仪器每装配好一件都要求用铁夹固定到铁架台上,然后再装另一件。在用铁夹固定仪器时,既要保证磨口连接处严密不漏,又要使上件仪器的重力不全都压在下件仪器上,即顺其自然地将每件仪器固定好,尽量做到各处不产生应力。铁夹的双钳必须有软垫(软木片、石棉绳、布条、橡皮等),绝不能让金属与玻璃直接接触。

冷凝管与接引管、接引管与接收瓶间最好用磨口接头连接,并用专用的弹簧夹固定。微型仪器较小,使用三指夹才能夹紧。接收瓶底用升降台垫牢。一台滴加蒸出反应装置组装得正确应该是:从正面看,分馏柱和桌面垂直,其他仪器顺其自然;从侧面看,所有仪器处在同一个平面上。在常压下进行操作的仪器装置必须有一处与大气相通。

3. 仪器装置的拆卸

仪器装置操作后要及时拆卸。拆卸时,按装配相反的顺序逐个拆除,后装配上的仪器先拆卸下来。在松开一个铁夹时,必须用手托住所夹的仪器,特别是像恒压滴液漏斗等倾斜安装的仪器,决不能让仪器对磨口施加侧向压力,否则仪器极易损坏。拆卸下来的仪器连接磨口涂有密封油脂时,要用蘸石油醚的棉花球擦洗干净。用过的仪器应及时洗刷干净,干燥后放置。

（四）仪器的清洗与干燥

1. 仪器的清洗

仪器必须保持洁净，并养成使用完毕后及时洗净的习惯。仪器使用完毕后，由于知晓残留试剂的成分及性质，采取合适的清洁方式极易清理干净。如酸性残留物或碱性残留物可分别用碱液或酸液清洗，有机残留物可选用合适的溶剂冲洗。

实验室内常用毛刷和去污粉刷洗，在去污粉中掺入肥皂粉，清洁效果更佳。洗刷时，先将毛刷打湿，蘸取少量去污粉，在潮湿的仪器内表面或外表面刷洗，再用清水冲洗干净。切勿用顶部无毛的毛刷或用力过猛，否则易划伤仪器表面甚至戳破仪器。如焦油状残留物或炭化残渣，用去污粉、肥皂、强酸液或强碱液洗刷不掉时，可采用铬酸洗液清洗。但铬酸洗液具有强酸性、强氧化性、腐蚀性以及毒性，一般情况下实验室内不推荐使用铬酸洗液，可选用其他适当的溶剂或洗涤剂代替。

磨口玻璃仪器或带旋塞的玻璃仪器应洗净后擦干，并在磨口和旋塞之间衬上纸片。

2. 仪器的干燥

在有机化学实验中往往需要用干燥的仪器，因此仪器洗净后还应进行干燥。实验室内常用仪器的干燥方法如下：

（1）自然晾干：仪器洗净后，先尽量倒净其中的水珠，然后晾干。例如，烧杯可倒置于柜子内，烧瓶、锥形瓶和量筒等可倒挂在试管架的支架上，冷凝管可用夹子夹住，竖放在柜子里。待放置一段时间后，仪器就干了。

（2）气流干燥器吹干：仪器洗净后，先甩净仪器内残留的水分，然后将其套在气流干燥器（见图 1 - 12）的多孔金属管上吹干。热空气的温度可以进行调节。气流干燥器不宜长时间连续使用，否则易烧坏电机和电热丝；使用完毕后要及时断电。

图 1 - 12　气流干燥器

（3）烘箱中烘干：常见的有电热鼓风干燥箱［见图 1 - 13（a）］和真空干燥箱［见图 1 - 13（b）］。两者均可用于实验仪器和试剂的干燥、灭菌或固化，但两者干燥原理不同。

(a) (b)

图 1-13 干燥箱

(a) 电热鼓风干燥箱；(b) 真空干燥箱

鼓风干燥箱是通过在常压下对物料直接加热，并开启鼓风循环带动热空气流动使箱内温度迅速达到平衡，并加速物料中的水分气化蒸发，从而除去水分，达到干燥的目的。其操作方法如下：

（1）将待干燥仪器或样品放置在样品架上，关闭箱门。鼓风干燥箱为非防爆烘箱，含有易燃易爆等有机挥发性溶剂或助剂的仪器或样品禁止放入烘箱内干燥。

（2）打开电源及加热开关，设定所需温度，烘箱内温度上升至设定温度。通常干燥箱升温过程中会存在温度过冲现象，可通过二次设定法，即先设定温度稍低于所需温度，待烘箱温度达到设定温度后再继续设定温度至所需温度，这样就可减少或避免过冲现象。

（3）关机，戴隔热手套取出烘干后的仪器或样品，防止烫伤。

烘干仪器时，通常设定温度在 100～120 ℃之间。仪器放入前先尽量倒净其中的水，放入时口朝上；若仪器口朝下，烘干后虽表面可无水渍，但从其中流出的水珠滴到其他已烘热的仪器上，易引起后者炸裂。用坩埚钳或戴绝热手套将已烘干的仪器取出，放在石棉板上冷却；切勿让烘得很热的仪器骤然接触冷水或冷的金属表面，以免炸裂。厚壁仪器，如量筒、抽滤瓶、冷凝管等，不宜在烘箱中烘干；分液漏斗和滴液漏斗则需要拆开盖子和旋塞，并擦去涂覆的油脂后，才能放入烘箱烘干。

真空干燥箱［见图 1-13(b)］特别适用于干燥热敏性、易分解和易氧化的物质。工作时通过真空泵抽真空使工作室内保持一定的真空度，降低了需除去液体的沸点，因而有效保护热敏性物质，缩短干燥时间；还可向内部充入惰性气体，在真空或惰性环境下，降低了氧化物遇热发生爆炸的可能；还可使一些构造复杂的部件或多孔样品快速干燥。其操作方法如下：

（1）将待干燥的物品或试剂放入真空干燥箱内，关上箱门，并关闭放气阀，开启真空阀，接通真空泵电源开始抽气，待箱内真空度达到 -0.1 MPa 时，关闭真空阀，再关闭真空泵电源。

（2）打开真空干燥箱电源开关，设定至所需温度，箱内温度开始上升，当箱内温度接近设定温度时，加热指示灯忽亮忽熄，反复多次，一般 120 min 以内可进入恒温状态。

（3）当所需工作温度较低时，可采用二次设定方法，如所需温度为 60 ℃，可先设定 50 ℃，等温度过冲开始回落后，再第二次设定 60 ℃，这样可降低甚至杜绝温度过冲现象，尽快进入恒温状态。

（4）根据不同物品潮湿程度，选择不同的干燥时间。如干燥时间较长，真空度下降，需再次抽气恢复真空度，应先开真空泵电源，再开启真空阀。

（5）干燥结束后应先关闭干燥箱电源，开启放气阀，解除箱内真空状态，再打开箱门取出物品。若解除真空后，密封圈与玻璃门吸紧变形，箱门不易打开，可稍等一段时间待密封圈恢复原形后，箱门便可方便开启。

（6）用有机溶剂干燥：此法适用于体积小且急需干燥的仪器。先用少量酒精将洗净的仪器洗涤一次，再用少量丙酮洗涤，最后用压缩空气或吹风机（不必加热）把仪器吹干。使用后的溶剂应倒入回收瓶中。

（五）通风橱的使用

通风橱是化学实验室常用的安全防护设施，其作用是减少有毒有害气体对实验人员和环境的危害。有机化学实验室通风橱如图1-14所示。通风橱的前面为可上下移动的玻璃门，通常为防爆门；里面为实验室工作台面，并设有水龙头、下水口、电源插座等；上面有照明灯。通风橱内空气经由上方的排风扇抽走通至室外，排风扇速度可通过面板操作按钮进行调整。使用时，应尽量把玻璃门放低，手伸入柜内进行操作。

图1-14　有机化学实验室通风橱

通风橱的使用注意事项如下：
（1）保持通风橱内整洁。
（2）玻璃门要轻拉轻抬，操作完毕后及时拉下。
（3）使用时，应先打开通风阀，再开风机。
（4）做实验时，应将玻璃门拉下，保留5 cm左右的进风口。
（5）操作时不要将头伸进通风橱内，避免中毒。
（6）电加热套应尽量插到通风橱外部的电源插座上，方便插拔。
（7）使用完毕后，关闭电源。

第二部分　有机化学实验基本操作

实验一　熔点的测定

(一)实验目的

(1)了解熔点及其测定意义;
(2)熟悉用毛细管法测定有机化合物的熔点。

(二)实验原理

熔点(Melting Point,符号为 T_m)是有机化合物最重要的物理常数之一。它不仅可以定性地鉴定固体有机化合物,也是测定化合物纯度的重要方法之一。通常,含有杂质的化合物熔点下降,其熔程也较长[拉乌尔(Raoult)定律]。采用差示扫描量热法(DSC)可测得化合物的绝对纯度(摩尔浓度),该法适用于高纯度的有机化合物。另外,还可依据熔点的差异,采用熔融结晶法进行有机化合物的分离提纯。

纯粹结晶性的有机化合物通常具有确定的熔点。熔点就是在常压下某一化合物的固态和液态相互平衡共存时的温度,或者说,熔点就是该化合物在固、液两态蒸气压相等时的温度。在通常实验条件下,测得的熔点为某物质从开始熔化到完全熔化为液体的温度范围,即物质从初熔到全熔的温度区间。这个温度区间也称为熔程。纯粹结晶性的有机化合物不但有确定的熔点,而且熔程在 0.5 ℃以内。如有其他杂质混入,不但会造成熔点降低,也会使熔化温度的范围增大。因此,可通过测定熔点来鉴别物质和定性地检验物质的纯度。

实验室内常采用毛细管法测定熔点,具有省时、省料(只需几微克)、精确的特点。毛细管法测熔点的主要过程为:安装装置、填装样品、加热、观察、读数并记录数据。采用 b 形管测定熔点是较早的测定熔点的方法;随着分析仪器的发展,显微熔点测定仪是目前常见的熔点测定仪器,具有升温速率可控、观察方便等优点。

1. b 形管法测定熔点

b 形管法测定熔点是较早使用的熔点测定方法。b 形管又称提勒(Thiele)管,将其用铁夹夹住颈部固定在铁架台上。b 形管口配有缺口的单孔软木塞以连通大气,插入温度计,使温度计的水银球位于两支管口中间,倒入液体石蜡(或硅油),稍超过上支管口作为加热浴液。

测定熔点前,应先将试样研磨成细末,并放在干燥器或烘箱中充分干燥。使用时取少量样品在洁净的表面皿表面堆成小堆,把毛细管开口一端插入粉末中,然后将毛细管通过竖直的玻璃管中自由落下,样品因毛细管上下弹跳而落到毛细管底,如此重复使样品填装紧实,直至样品高度为 2～3 mm。沾于管外的粉末须拭去,以免污染浴液。

将装好样品的毛细管用少许浴液附在温度计上,或用橡皮圈套在温度计上,使样品紧贴水银球中部,如图 2-1 所示,然后插入浴液中。

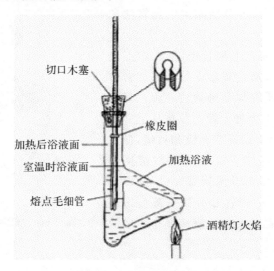

切口木塞
橡皮圈
加热后浴液面
室温时浴液面
加热浴液
熔点毛细管
酒精灯火焰

图 2-1　毛细管法测定熔点

在 b 形管弯曲支管底部加热,使浴液进行热循环,保证温度计受热均匀。当温度上升到比预计熔点低 10 ℃时,改用小火缓慢而均匀地加热使温度上升速度为 1 ℃/min,直至熔化。在加热过程中注意观察样品熔化情况,当样品在毛细管壁四周开始塌落,样品表面有凹面并出现小液滴时,表示样品开始熔融,此时温度记为初熔点;固体样品全部消失呈透明液体时,温度记为终熔点,如图 2-2 所示。此时可熄灭酒精灯,取出温度计,将毛细管弃去,待浴液温度下降至熔点以下 10 ℃时,再换上样品的第 2 支毛细管,按前述方法进行操作,再测一次熔点。

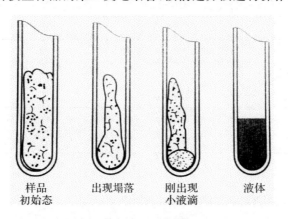

样品
初始态
出现塌落
刚出现
小液滴
液体

图 2-2　固体样品的熔化过程

熔点测定完毕后,一定要待浴液冷却后,方可将浴液倒回瓶中。温度计冷却后,用纸擦去表面的液体石蜡,方可用水冲洗,否则温度计极易炸裂。

2.显微熔点测定仪测定熔点

显微熔点测定仪测熔点的优点是可测微量(2～3 颗晶粒)样品的熔点,熔点测定范围为室温至 300 ℃，可观察晶体在加热过程中的变化情况，如结晶的失水、多晶的变化及分解。实验室用显微熔点测定仪为 WRX - 4 显微熔点测定仪，如图 2 - 3 所示。根据样品载体不同，可分别采用毛细管法和载玻片法。

毛细管法即将样品装入毛细管中，插入熔点测定仪加热台后面的孔中，通过观察样品在毛细管中的熔化情况测定熔点，原理与 b 形管法一致。载玻片法即将微量晶粒放在干净且干燥的载玻片上并盖一片载玻片，放在加热台上。调节物镜和目镜，使显微镜焦点对准样品。开启加热器，设定预置温度低于预计熔点 10 ℃，待温度上升至预置温度后，设定温度上升速度为 1 ℃/min。当样品开始有液滴出现时，记录初熔温度；当样品逐渐熔化直至完全变成液体时，记录全熔温度。

图 2 - 3　WRX - 4 显微熔点测定仪

(三)实验仪器和试剂

1. 实验仪器

表 2 - 1 为实验所需主要仪器及设备。

表 2 - 1　实验所需主要仪器及设备

仪器名称	规格	单位	数量
表面皿	ϕ10 mm	个	1
研钵	ϕ10 mm	个	1(共用)
b 形管		个	1
酒精灯		台	1
温度计(附橡皮圈、胶木塞)	150 ℃	支	1
封口玻璃毛细管	内径 1 mm	支	9
铁架台		个	1
显微熔点测定仪	WRX - 4	台	6(共用)

2. 实验试剂

表 2 - 2 为实验所需试剂。

表 2 - 2　实验所需试剂

试剂名称	级别	熔点/ ℃
乙酰苯胺(C_8H_9NO)	自制	114
肉桂酸($C_9H_8O_2$)	自制	133
液体石蜡	C.P.	255～276(沸点)

注:C.P.代表化学纯。

3. 实验装置

毛细管法测定熔点实验装置见图 2-1，WRX-4 显微熔点测定仪见图 2-3。

(四)实验内容

1. 样品准备

测定熔点前，把试样研磨成细末，并放在干燥器或烘箱内充分干燥。

2. 填装毛细管

用药匙取少量试样在表面皿上堆成小堆。将毛细管开口一端插入待测样几次，倒过来在桌面上顿几下使试样落入管底，重复取料几次。把玻璃管垂直立于桌面上，毛细管封口一端朝下，通过玻璃管垂直自然下落，反复 3 次使试样在管底紧密堆积；试样高度为 2~3 mm。每种试样装 3 支毛细管备用，其中 2 支用于 b 形管法测定(先粗测后细测)，1 支用显微熔点测定仪测定。

3. b 形管测定熔点

将毛细管用橡皮圈固定在配好塞子的温度计上，试样紧贴水银球中部，水银球位于 b 形管两支管中间高度，用铁夹夹住 b 形管颈部固定在铁架上，高度以酒精灯火焰接触到侧弯管为准。将导热液倒入 b 形管至液面稍高于上支管口 0.5~1 cm 处，勿将橡皮圈浸入浴液内。开始加热，注意调节温度：粗测时，100 ℃以下每分钟上升 10 ℃，之后每分钟上升 5 ℃；细测时，接近熔点 10 ℃时每分钟上升 1 ℃。观察试样熔化情况及温度，当试样有熔化塌落时，即记录为初熔点，待全熔为液体时记录为终熔点，二者之间即为熔点距。停止加热，待温度下降 20 ℃后，再做下一根试样。熔点测定完毕后，将液体石蜡倒回原瓶，但勿把橡皮圈倒入。

4. 显微熔点测定仪测定熔点

(1)打开显微熔点测定仪电源开关，屏幕显示毛细管、盖玻片两种测量方式选择菜单。仪器默认为毛细管测量方式，按【一】键进行确认。

(2)预置起始温度。

按【预置】键，屏幕进入起始温度显示画面。此时按【初熔】键(光标右移)或【终熔】键(光标左移)选择数字位数，按【+】【一】键选择数字大小，预置起始温度比理论熔点低 10 ℃，确认后再按【预置】键。此时屏幕显示数字为加热炉的实际温度，待屏幕显示达到预设温度后，有声音提示，等炉温稳定后，将装有样品的毛细管从仪器后面的插孔插入熔点测定仪，通过上下调节显微镜镜头，使视野清晰。

(3)选择升温速率。

按【升温】键进入升温速率选择画面，默认值为 1 ℃/min，再按【升温】键进行确认。

(4)记录初、终熔温度。

通过显微镜细心观察被测样品的熔化情况，当样品刚熔化时，按【初熔】键，初熔温度被自动记录；当样品完全熔化时，按【终熔】键，则终熔温度被自动记录。最后先按【终熔】键显示终熔温度，再按【初熔】键显示初熔温度。

按【预置】键返回温度设定画面，可重设重测。

本实验测量一次熔点，待测试完毕后取出毛细管，以便后面同学继续测试。

（5）关机

所有同学测量完毕后，应切断电源，待加热单元冷却至室温后，方可用罩子罩住。

（五）实验记录与处理

（1）详细记录实验过程，包括具体的实验步骤、操作时间、操作内容、加入试剂的量、实验观察到的现象等。

（2）分别记录用 b 形管法和显微熔点测定仪法测得的乙酰苯胺和肉桂酸的熔点，包括初熔温度（℃）、终熔温度（℃）和熔点距（℃），见表 2-3。

表 2-3　乙酰苯胺和肉桂酸的熔点记录表

试样名称	测定方法	初熔/℃	终熔/℃	熔点距/℃
乙酰苯胺（C_8H_9NO）	b 形管法			
	显微熔点测定仪			
肉桂酸（$C_9H_8O_2$）	b 形管法			
	显微熔点测定仪			

（六）实验思考题

（1）影响熔点测定结果的因素有哪些？怎样提高测试的准确度？

（2）本实验中的操作要点有哪些？

实验二　旋光度的测定

（一）实验目的

（1）了解旋光仪的构造和旋光度的测定原理；

（2）掌握旋光仪的使用方法和旋光度的计算方法。

（二）实验原理

旋光度（Specific Rotation），又称旋光率，用[α]表示。旋光度是物质的物理常数之一。通过测定旋光度，可以鉴定旋光性化合物的纯度和含量。

当一束单一的平面偏振光通过含有某些光学活性的化合物液体或溶液时，其振动方向会发生改变，此时光的振动面旋转一定的角度，这种现象称为旋光现象。物质的这种使偏振光的振动面旋转的性质叫作旋光性，具有旋光性的物质叫作旋光性物质或旋光物质。许多天然有机物，如葡萄糖、果糖等，都具有旋光性。由于旋光物质使偏振光振动面旋转时，可以右旋（顺时针方向，记作"＋"），也可以左旋（逆时针方向，记作"－"），所以旋光物质又可分为右旋物质和左旋物质。

物质的旋光性的大小和方向除了与物质结构有关外，还与测定时的温度、测定光的波长、溶液的溶剂和浓度、旋光管的长度等有关。常用比旋光度$[\alpha]_D^t$来表示物质的旋光性，其中，t 为测定时的温度(℃),λ 为测定所用光的波长,一般测试用单色光源钠光灯,其波长为 589 nm,以 D 表示。由旋光仪测得旋光度后,采用下式计算比旋光度:

$$[\alpha] = \frac{100\alpha}{c \times l} \qquad (2-1)$$

式中:α 为样品的实测旋光度;c 为溶液的质量浓度,即 100 mL 溶液所含溶质的克数(g/100 mL);l 为旋光管的长度(dm)。

若被测物质为纯液体,则按下式进行计算:

$$[\alpha] = \frac{\alpha}{l \times \rho} \qquad (2-2)$$

式中:ρ 为液体的密度(g/mL)。

比旋光度书写时,除需注明测定时的温度和波长外,还需标明配制溶液所用的溶剂和质量百分浓度。

采用自动旋光仪测定物质的旋光度,其基本结构如图 2-4 所示。该仪器采用 20 W 钠光灯为光源,光线通过聚光镜、小孔光阑和物镜后形成一束平行光。平行光通过起偏镜后产生平行偏振光,这束平行偏振光经过一个法拉第效应的磁线圈时,其振动平面产生 50 Hz 的 β 角往复摆动,光线通过检偏镜投射到光电倍增管上,产生交变的光电信号。当检偏镜的透光面与偏振光的振动面正交时,为仪器的光学零点,此时出现平衡指示。当偏振光通过具有一定旋光性的样品时,偏振光的振动面转过一个角度 α,此时光电信号既能驱动工作频率为 50 Hz 的伺服电机,并通过蜗轮、蜗杆带动检偏镜转动 α 角而使仪器回到光学零点,此时读数盘的读数即为所测物质的旋光度。自动指示旋光仪由于应用了光电检测和晶体管自动示数装置,因此灵敏度高,读数方便,且可避免人为误差。

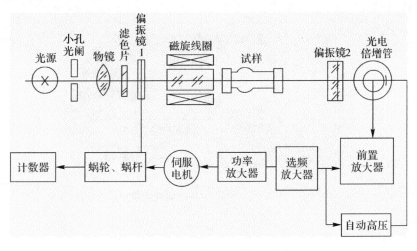

图 2-4 自动旋光仪结构示意图

(三)实验仪器和试剂

1. 实验仪器

表 2-4 为实验所需主要仪器及设备。

表 2-4　实验所需主要仪器及设备

仪器名称	规格	单位	数量
自动旋光仪	上海申光仪器仪表有限公司,WZZ-2B	台	2
旋光管	2 dm	根	4
容量瓶	100 mL	个	4

2. 实验试剂

表 2-5 为实验所需试剂。

表 2-5　实验所需试剂

试剂名称	级别	用量
葡萄糖水溶液	5 g/100 mL,自制	100 mL
葡萄糖水溶液	10 g/100 mL,自制	100 mL
葡萄糖水溶液	20 g/100 mL,自制	100 mL
葡萄糖水溶液	未知浓度,自制	100 mL
蒸馏水	自制	

3. 实验设备

实验设备为 WZZ-2B 自动旋光仪,如图 2-5 所示。

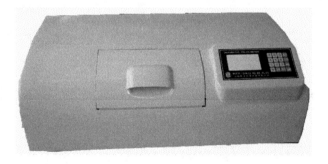

图 2-5　WZZ-2B 自动旋光仪

(四)实验内容

1. 配制葡萄糖水溶液

准确称取一定量的葡萄糖,分别配制 5 g/100 mL、10 g/100 mL 和 20 g/100 mL 的葡萄糖水溶液。由于葡萄糖溶液会产生变旋光现象,所以待测葡萄糖溶液应该提前 24 h 配好,以消除变旋光现象,否则测定过程中读数不稳定。

2. 仪器预热

打开旋光仪电源开关,预热 5～10 min,待完全发出钠黄光后方可观察使用。按回车键进入测量界面。在测试过程中,如果出现黑屏、乱屏或测量结束后想返回测量原始界面,请按清屏键。

3. 调零

在测定样品前,必须先用蒸馏水来调节旋光仪的零点。洗净旋光管后装入蒸馏水,使液面略凸出管口。将样品管擦干后放入旋光仪,合上盖子,按清零键,显示 0 读数。样品管中若有气泡,应先让气泡浮在凸颈处,通光面两端的雾状水滴,应用软布擦干。样品管螺帽不宜旋得过紧,以免产生应力,影响读数。样品管安放时注意标记位置和方向。

4. 测定

每次测定之前旋光管必须先用蒸馏水清洗 1～2 遍,再用少量待测液润洗 2～3 遍,以免受污物的影响,然后再装上样品进行测定。将 5 g/mL 样品注入旋光管中,按相同的位置和方向放入样品室内,盖好箱盖。按自测键,仪器中间实现 3 组测量数据,下方为实测值,待 3 组数据测量完毕,α 会变为 $\bar{\alpha}$,此时显示的即为 3 组数据的平均值。等显示数值不动后,按清零键进行清零,然后再进行测量。

记录 5 g/(100 mL)葡萄糖溶液的旋光度,并记录实验室内温度和旋光管长度。测定完后倒出旋光管中溶液,用蒸馏水把旋光管洗净,擦干放好。重复上述步骤,测定 10 g/(100 mL)和 20 g/(100 mL)葡萄糖溶液和未知样品的旋光度。记录数据,并根据公式计算未知样品的浓度。

仪器使用完毕后,关闭电源开关。

5. 注意事项

(1)若用纯液体样品直接测试,测定前只需确定其相对密度即可。

(2)如样品超过测量范围,仪器在 ±45°来回振荡。此时,取出样品管,仪器即自动转回零位。此时可稀释样品后重测。

(五)实验记录与处理

记录三种不同试样的旋光度值,并根据公式计算未知葡萄糖水溶液的浓度,见表 2-6。

表 2-6　葡萄糖水溶液的旋光度测定数据记录表

试样	浓度	实测旋光度
葡萄糖水溶液	5 g/100 mL	
葡萄糖水溶液	10 g/100 mL	
葡萄糖水溶液	20 g/100 mL	
未知葡萄糖水溶液		

实验三　折光率的测定

(一)实验目的

(1)了解折光率对有机化合物的物理意义;

(2)掌握阿贝折光仪的使用方法。

(二)实验原理

光自一种透明介质进入另一透明介质的时候,由于两种介质的密度不同,光的行进速度发生变化,即发生折射现象,如图2-6所示。折光率是指光线在空气中的传播速度与在待测样品中传播速度的比值。根据折射定律,折光率是光线入射角的正弦 $\sin i$ 与折射角的正弦 $\sin r$ 的比值,即 $n=\sin i/\sin r$。其中 n 为折光率,$\sin i$ 为光线入射角的正弦,$\sin r$ 为折射角的正弦。

当光线从光疏介质进入光密介质,入射角接近或等于90°时,折射角达到最大值,此时的折射角称为临界角 r_c,此时的折光率为

$$n = \frac{\sin i}{\sin r} = \frac{\sin 90°}{\sin r_c} = \frac{1}{\sin r_c} \qquad (2-3)$$

因此,只要测定了临界角,即可计算出折光率。

折光率是有机化合物的重要物理参数之一,特别是液体有机化合物。通过折光率可以判定有机化合物的纯度、鉴定有机化合物等。常使用阿贝折光仪来测定介质的折光率,它适用于透明、半透明液体或固

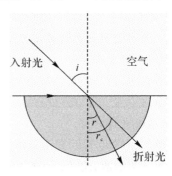

图2-6 光的折射

体的折光率测试。阿贝折光仪主要由两个折射棱镜、色散棱镜、观测镜筒、刻度盘和仪器支架等组成[见图2-7(a)]。仪器的两个折射棱镜中间可放入待测液体样品,当光线从液层以90°入射角射入棱镜时,折射角为 r_c,由于临界光线的缘故,产生受光照与不受光照时的地方,则在观测镜筒内视野呈现明显的明、暗区域,将明暗交界面恰好调至视野内的十字线中心位置,此值在仪器上即显示为折光率,如图2-7(b)所示。阿贝折光计的读数范围为1.3~1.7,最小刻度值为0.000 1。

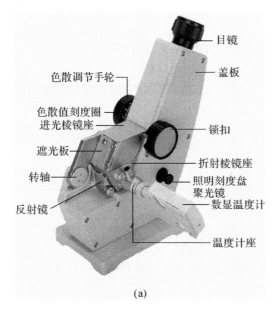

(a)

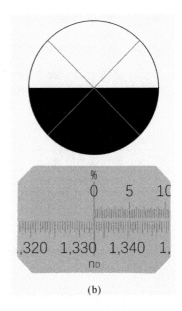

(b)

图2-7 阿贝折光仪

(a)阿贝折光仪的基本构造;(b)测试结果示例

折光率是物质的特性常数之一,它的值还与温度、压力和光源的波长有关,符号 n_D^{20} 是指在 20 ℃下用钠光作光源时测定的物质的折射率,可认为标准值。在温度 t 测定的折光率可通过下式换算成标准值:

$$n_D^{20} = n_{obs}^t + 0.000\ 45(t - 20) \qquad (2-4)$$

式中:n_{obs}^t 为在温度 t 下可见光为光源时所测得的物质的折光率。

通常,压力对折射率的影响不明显,只有很精密的仪器才能观测出其影响。

(三)实验仪器和试剂

1. 实验仪器

表 2-7 为实验所需主要仪器及试样。

表 2-7　实验所需主要仪器及试样

名称	规格	单位	数量
阿贝折光仪	2WA-J,上海光学仪器五厂	台	6(公用)

2. 实验试剂

表 2-8 为实验所需试剂。

表 2-8　实验所需试剂

试剂名称	级别	用量
溴代萘	标准品	1 滴
溴乙烷	自制	1 滴
环己酮	自制	1 滴
正丁醚	自制	1 滴
乙酸乙酯	自制	1 滴

3. 实验仪器

实验仪器为 2WA-J 阿贝折光仪,如图 2-7(a)所示。

(四)实验内容

1. 仪器校准

将阿贝折光仪放置在工作台面上,把数显温度计安装在仪器上,如不连接恒温槽可以不装温度计。测试前,先使用标准玻璃块校正读数。

旋转锁扣手轮,打开折射棱镜,用酒精泡过的棉签清洁棱镜表面,然后吹干。取 1~2 滴溴代萘标准品滴到标准玻璃块上,再把标准玻璃块放在棱镜上,使液体充满棱镜表面、无气泡。观察目镜,旋转目镜,调节聚光镜使视场清晰,然后调节折射率刻度值,使折射率的数值与标准模块数值一致,把折射率调节到 1.516 7。转动色散调节手轮使视场中能看到明显的明暗分界线,若分界线位于十字线中心即数值正确。若分界线不在十字线中心位置,需要用六角扳手旋转仪器背面的校准螺钉,把分界线调节到十字线中心位置,即校准完成。校准完成后,将棱镜上的校准液擦拭干净,再用酒精泡过的棉签擦拭并吹干即可。

2. 样品测定

旋转锁扣手轮,打开折射棱镜,取 1~2 滴样品滴到棱镜表面,迅速将进光棱镜盖上,使液体充满棱镜表面、无气泡。打开遮光板,调节折射率刻度值,同时微调色散调节手轮,使明暗分界线位于十字线的中心,然后读数即可。

测量完成后,将棱镜上的样品擦拭干净,再用酒精泡过的棉签擦拭并吹干即可。

3. 注意事项

(1)测试前,必须用标准玻璃块进行校正。

(2)棱镜表面擦拭干净后才能滴加待测样,清洗棱镜时,不要把液体溅入光路凹槽中。

(3)滴在进光棱镜面上的液体要均匀分布在棱镜面上,并保持水平状态合上两棱镜,保证棱镜缝隙中充满液体。

(4)测量完毕后,擦拭干净各组件后放入仪器盒中。

(五)实验记录与处理

记录室温及自制溴乙烷、环己酮、正丁醚和乙酸乙酯的折光率值,见表 2-9。

表 2-9 自制样品的折光率测定数据记录表

试样	室温 t / ℃	实测值 n_{obs}^t	n_D^{20}
溴乙烷			
环己酮			
正丁醚			
乙酸乙酯			

实验四 蒸馏和分馏

(一)实验目的

(1)了解沸点的定义和常压蒸馏过程;

(2)了解分馏和减压蒸馏的适用范围;

(3)熟悉常用蒸馏、分馏的仪器及安装,为合成实验做准备。

(二)实验原理

在有机化学反应中经常伴随有副反应的发生,并生成副反应产物,副反应产物和未反应的原料与主反应物混合在一起,造成主产物纯度不高或质量不佳。因此,在有机物的制备过程中,对主产物进行有效的分离提纯是非常重要的,而分离提纯方法的选择关系到最终产物的产率、纯度,显得尤为重要。一般地,分离提纯方法依赖于主、副产物及杂质的物化性质。

对于液体有机化合物,常根据沸点差异,通过常压蒸馏、简单分馏、水蒸气蒸馏、减压蒸馏等进行分离提纯;对于固态有机化合物,常根据溶解度差异采用重结晶的方法,或者利用升华等进行分离提纯。有些分离和提纯技术,如萃取和洗涤、色谱法等,不仅适合于液体有机化合物,也适合于固体有机化合物的分离和提纯。

1. 蒸馏

将液体加热至沸腾,使其变成蒸气,然后将蒸气再冷凝为液体的操作过程称为蒸馏。蒸馏是分离液体有机混合物的一种最常用的操作方法,也是有机化学实验的基础操作之一。蒸馏适用于分离沸点相差较大的液体有机化合物,同时还可测定物质沸点,定性检验物质的纯度,回收溶剂,或蒸出部分溶剂以浓缩溶液。

在通常情况下,纯粹的液态物质在一定压力下具有确定的沸点。如果在蒸馏过程中,沸点发生变动,那就说明物质不纯。因此可借蒸馏的方法来测定物质的沸点和定性地检验物质的纯度。某些有机化合物往往能和其他组分形成二元或三元共沸混合物,它们也有一定的沸点(共沸点),如正丁醚能与正丁醇、水组成二元或三元共沸物,因此,也不能认为蒸馏温度恒定的物质都是纯物质。

蒸馏适用于分离沸点相差较大的混合液。蒸馏时沸点较低的组分先蒸出,沸点较高的组分后蒸出,不挥发的组分则留在蒸馏瓶内,这样,就达到分离和提纯的目的。但在蒸馏沸点比较接近的混合物时,各种物质的蒸气将同时蒸出,只不过低沸点组分多一些,故难以达到分离和提纯的目的,这时就要借助于分馏。纯液态化合物在蒸馏过程中沸程范围很小(0.5~1 ℃),因此,可以利用蒸馏来测定沸点。用蒸馏法测定沸点的方法为常量法,所用样品量较大,要 10 mL 以上,若样品不多时,应采用微量法。

(1)蒸馏装置及安装。

蒸馏装置主要包括蒸馏烧瓶、冷凝管和接收器三部分。圆底烧瓶是最常用的容器,它与蒸馏头组合习惯上被称为蒸馏烧瓶。通常待蒸馏的液体原料体积为圆底烧瓶容量的1/3~2/3。

蒸馏装置的安装顺序一般是从热源处(电加热套)开始,按照"从下到上,从左至右(或从右至左)"的顺序搭建。首先固定好圆底烧瓶的位置,使圆底烧瓶底部距离电加热套底0.5~1 cm。然后安装蒸馏头和温度计,温度计通过温度计套管或橡胶塞固定在蒸馏头的上口,且温度计水银球上端应恰好与蒸馏头支管的底边在同一水平线上。在铁架台上固定冷凝管,用铁夹夹住其中部,使冷凝管的中心线和圆底烧瓶上蒸馏头支管的中心线成一直线,移动冷凝管,使其与蒸馏头支管紧密相连,塞紧后再夹好冷凝管。按照冷却水"下口进水,上口出水"的原则,将冷凝管下口和上口分别用软胶管连通水龙头和水槽,再装上尾接管和接收器。整个装置安装要求规范、准确,无论从正面或侧面观察,全套仪器中各个仪器的轴线都在同一平面内,且整套装置应位于台面中央并与实验台前沿平行,如图 2-8 所示。

蒸馏装置必须连通大气,绝不能做成封闭系统,否则会造成系统内压力增大、温度升高,引起液体冲出,造成火灾或发生爆炸事故。

(2)加料。

安装仪器前将液体原料加入圆底烧瓶内,也可通过长颈漏斗把待蒸馏液慢慢倒入圆底烧瓶内,注意长颈漏斗下口处的斜面应超过蒸馏头支管,注意待蒸馏溶剂的量不超过圆底烧瓶容量的2/3。切勿将圆底烧瓶置于电加热套内直接添加液体,以免液体洒出进入电加热套内,造成电加热套短路,或易燃液体挥发引发火灾。若液体里有干燥剂或其他固体物质,可以把液体小心地倒入瓶中,而把干燥剂留在原来的容器中,或在漏斗上放上滤纸或一小撮松软的棉花或玻璃毛等滤去固体。然后用软纸拭去烧瓶外表面残留的液体。加入少量沸石以防止液体暴沸,或加入一粒搅拌子搅拌,使沸腾保持平稳。塞好温度计,检查仪器的各部分连接是否紧密。

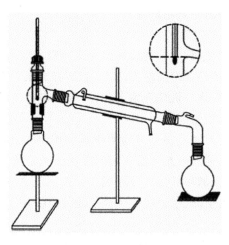

图 2-8　简单蒸馏装置

（3）加热。

蒸馏时应先通冷却水再开始加热。软胶管（可用橡胶管、硅胶管或橡皮管）与冷凝管和水龙头的连接处应紧密,并防止水流速度过快而断开,造成大量水外溢。缓缓打开冷却水,水流速度不宜过快,能使蒸气冷凝即可。加热时圆底烧瓶中液体逐渐沸腾,蒸气逐渐上升,温度计读数略有上升,当蒸气到达温度计水银球部位时,温度计读数急剧上升。这时应调节电加热套温度,控制加热速度以调节蒸馏速度,使每秒蒸出 1~2 滴为宜。在整个蒸馏过程中,应使温度计水银球上始终有凝附的液滴,以保证温度计的读数是气、液两相的平衡温度。

（4）收集馏分。

蒸馏时至少准备两个接收瓶。在达到待提纯目标物沸点前,先用一个接收瓶接收低沸点馏分,这部分称为"前馏分"或"馏头";待温度计读数稳定时,更换一个洁净、干燥且已称量过的接收瓶接收目标物,并记录这部分液体开始馏出和馏出最后一滴时的温度读数,记作该馏分的沸程（沸点波动范围）。一般液体中或多或少会有一些高沸点的杂质,待所需要的馏分蒸出后:若再继续提高加热温度,温度计读数会显著升高;若维持原来的加热温度,则不会再有馏出液蒸出,温度会突然下降,这时应停止蒸馏。即使杂质含量极少也不要利用余热蒸干,以免圆底烧瓶破裂或发生其他意外事故。

（5）停止蒸馏。

蒸馏完毕后,应先停止加热,再关闭冷却水。待稍冷却后,取下接收瓶、称量产物。按与安装仪器相反的顺序拆卸仪器,并清洗干净。

2. 分馏

普通蒸馏适用于分离沸点有显著差异（至少相差 30 ℃）的两种或两种以上的混合物。若要分离沸点相差不大的混合物,应借助于分馏的方法。分馏是利用分馏柱将多次气化—冷凝过程在一次操作中完成的方法。分馏实际上是多次蒸馏。混合液体沸腾后蒸气进入分馏柱中被部分冷凝,冷凝液在下降过程中与上升的蒸气接触,二者进行热交换,蒸气中高沸点组分被冷凝,低沸点组分仍呈蒸气上升,而冷凝液中低沸点组分受热气化上升,高沸点组分仍呈液态下降。其结果是,上升蒸气中低沸点组分增加,而下降的冷凝液中高沸点组分增加。如此经过多次热交换,低沸点组分的蒸气不断上升而被蒸馏出来,高沸点组分则不断流回蒸馏烧瓶中,从而实现了低沸点和高沸点组分的分离,达到连续多次的普通蒸馏效果。

常用的分馏柱有韦氏分馏柱和填充型分馏柱,本实验采用前者。分馏装置包括圆底烧瓶、分馏柱、冷凝管和接收瓶四部分,安装顺序与蒸馏装置安装类似,按照"从下到上、从左向右"的顺序,先安装圆底烧瓶,再依次安装分馏柱、冷凝管、尾接管和接收瓶,如图2-9所示。

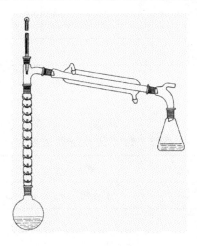

图 2 - 9　分馏装置

分馏操作与蒸馏大致相同。将待分馏液体倒入圆底烧瓶中,加入搅拌子或少量沸石,柱外可包裹石棉布以减少柱内热量的散发。加热,液体沸腾后要注意调节电加热套温度,使蒸气缓慢升入分馏柱,10～15 min后蒸气达到柱顶。当冷凝管中有液体流出时,控制加热速度使馏出液以每2～3 s 1滴的速度蒸出,方能达到较好的分馏效果。低沸点组分蒸完后,再渐渐升高温度。当第二组分开始蒸出时,沸点会迅速上升,及时更换接收瓶。这是假定分馏体系有可能将混合物的组分进行严格的分馏,一般则有相当大的中间馏分(除非沸点相差很大)。

(三)实验仪器和试剂

1. 实验仪器

表2-10为实验所需主要仪器及设备。

表 2 - 10　实验所需主要仪器及设备

仪器名称	规格	单位	数量
圆底烧瓶	100 mL	个	1
蒸馏头		个	1
分馏柱	200 mm	根	1
温度计	110 ℃	支	1
直形冷凝管	300 mm	个	1

仪器名称	规格	单位	数量
真空接引管		个	1
锥形瓶	100 mL	个	2
量筒	100 mL	个	1
铁架台		个	2
电加热套		台	1
硅胶管		根	2

2. 实验试剂

表 2-11 为实验所需试剂。

表 2-11 实验所需试剂

试剂名称	级别	用量
乙醇	工业级	60 mL

3. 实验装置

实验装置包括简单蒸馏装置(见图 2-8)和分馏装置(见图 2-9)。

(四)实验内容

1. 蒸馏

量取 60 mL 待蒸馏液,加到 100 mL 圆底烧瓶中,并加入一粒搅拌子。用铁架台固定圆底烧瓶,使其距离电加热套底 0.5~1 cm;用另一铁架台夹住冷凝管中部并固定。按照"自下而上、从左至右"的顺序安装实验装置,圆底烧瓶上依次安装蒸馏头、温度计、冷凝管、尾接管、锥形瓶、上下水硅胶管。检查装置的严密性。通冷却水,插上电加热套电源并调整转速,设定电加热套温度为 90 ℃,开始加热。待有第一滴馏出液流出时记录温度计读数;调节电加热套温度,控制滴液速度,约每秒 1~2 滴;保持温度恒定并记录。当反应瓶残液小于 5 mL 或温度计读数超过 80 ℃时停止加热,切勿将液体蒸干。先取下温度计,再移开电加热套,依次拆卸仪器,拆卸顺序与安装顺序相反。待反应瓶冷却后拆卸反应瓶,并用毛刷和去污粉清洗干净。称重并量取馏出液体积,计算蒸馏液密度,对照附录 B 查找蒸馏液的乙醇含量。

清洗、整理玻璃仪器,放回原位。

2. 分馏

仪器安装和操作与蒸馏类似。

量取 40 mL 待蒸馏液,加到 100 mL 圆底烧瓶中,并加入一粒搅拌子。安装圆底烧瓶,使瓶底距离电加热套底 0.5~1 cm。依次安装分馏柱、冷凝管、尾接管和锥形瓶,然后在蒸馏柱顶端插入温度计。通冷却水,加热圆底烧瓶,设定电加热套温度为 90 ℃,待有馏出液流出时记录温度计读数,并调节电加热套温度,使馏出液流速保持在每 2~3 s 1 滴。当第二组分开始蒸出时,温度计读数急剧上升,换锥形瓶接收第二组分。当温度超过80℃或反应残液小于5 mL时,停止加热,切勿将液体蒸干。待烧瓶冷却后,先将温度计取下,再依次拆卸锥形瓶、冷凝管、分馏柱和圆底烧瓶。称重并量取馏出液体积,计算馏出液密度,对照附录B得到馏出液中乙醇含量。

清洗、整理仪器,并放回原位。

对比蒸馏和分馏效果,并进行分析。

3. 注意事项

(1)蒸馏和分馏装置的安装顺序为自下而上、从左到右。冷却水从下口进水、上口出水。蒸馏前,应先通冷却水再加热;蒸馏完毕后先停止加热,再停止通冷却水;仪器拆卸顺序与安装顺序相反。

(2)蒸馏时,温度计安装位置应使水银球上端与蒸馏头支管底边在同一水平线上;蒸馏过程中,水银球上应始终有凝附的液滴,以保证温度计的读数是气液两相的平衡温度。

(3)蒸馏和分馏低沸点易燃液体时,严禁使用明火加热或附近有明火热源。

(4)蒸馏或分馏时如无搅拌,加热前应在烧瓶内加入少量沸石防止暴沸。若加热前忘记加沸石,切勿接近沸腾时补加,必须等液体稍冷时再补加,然后重新加热。持续沸腾时,沸石可以连续有效,一旦停止沸腾温度降低较大或停止蒸馏,则原有沸石失效,再次加热蒸馏须重新加入沸石。

(5)蒸馏速度不宜过快或过慢,控制馏出液流出速度,以每秒1~2滴为宜。分馏时控制馏出液速度为每2~3 s 1滴,分馏效果较好。

(6)如果维持原来的加热程度,不再有馏出液蒸出,温度突然下降时就应停止加热,即使杂质量很少也不能蒸干,特别是蒸馏低沸点液体时更要注意,否则易发生意外事故。

(7)分馏柱外可用石棉布包裹,以减少柱内热量散发,减少空气流动和室温的影响,使加热均匀,保证分馏操作平稳进行。

(五)实验记录与处理

(1)详细记录实验过程,包括具体的实验步骤的操作时间、操作内容、加入试剂的量、实验观察到的现象等。

(2)根据蒸馏和分馏回收得到的乙醇体积(mL)和质量(g)计算其密度,并根据附表B查找其所对应的纯度,见表2-12。试比较蒸馏和分馏的分离提纯效果。

表 2-12 乙醇蒸馏和分馏的数据记录表

	回收体积/mL		回收率	
蒸馏	质量/g		密度	
	质量分数/%			
	回收体积/mL		回收率	
分馏	质量/g		密度	
	质量分数/%			

结论:

(六)实验思考题

(1)分馏和蒸馏在原理和装置上有哪些异同? 蒸馏和分馏时怎样控制条件使液体达到良好的分离效果?

(2)对比蒸馏和分馏得到的乙醇含量,蒸馏和分馏的分离效果哪个更好? 为什么?

实验五　减压蒸馏

(一)实验目的

(1)了解减压蒸馏的基本原理和使用范围;

(2)熟悉减压蒸馏仪器并掌握减压蒸馏操作;

(3)了解旋转蒸发仪的操作方法。

(二)实验原理

液体的沸点是指它的蒸气压等于外界压力时的温度,因此液体的沸点是随外界压力变化而变化的。减压蒸馏又称真空蒸馏,是分离可提纯有机化合物的常用方法之一,即通过降低体系内的压力而使液体的沸点降低,避免高沸点物质在温度到达沸点前就发生分解、氧化或聚合等,尤其适用于在常压下沸点较高或常压蒸馏时未达沸点即已受热分解、氧化或聚合的物质。许多有机化合物在压力降至 $1.3\sim2.0$ kPa 时,沸点可比常压时降低 $100\sim120$ ℃。进行减压蒸馏时,可查表或根据列线图法估计物质在不同压力下的沸点,对操作时选择合适的温度计和加热方式有一定的参考意义。

沸点与真空度的关系可近似由如下公式导出:

$$\lg p = A + B/T \tag{2-5}$$

式中:p 为蒸气压;T 为绝对温度;A 和 B 为常数。

如以 $\lg p$ 为纵坐标,$1/T$ 为横坐标,可以近似得到一条直线。从已知的压力和温度计算出 A 和 B 的数值,再将所选择的压力代入式(2-5),算出溶液的沸点。但实际上,许多物质的沸点变化不符合上述公式,可以根据经验曲线图 2-10,近似地找出某一物质在一定压力下的沸点。

用一把尺子通过图中的两个数据点,两个数据点的连线与第三条线的交点便是所要查的数据。如本实验中苯胺在常压下的沸点为 184.4 ℃,循环水真空泵真空度达到 $-0.097\,5$ MPa,相当于绝对压力约为 2.5 kPa(18 mmHg)。将尺子通过图中 B 线 184.4 ℃ 的点和右边 C 线 18 mmHg 的点,此二点的延长线与左边 A 线的交点就是 2.5 kPa 时苯胺的沸点,约为 $75\sim80$ ℃。

简单的减压蒸馏装置如图 2-11 所示。蒸馏部分由加热源、蒸馏烧瓶、毛细管、温度计、冷凝管、真空承接管(若要收集不同馏分而不中断蒸馏,则可用多尾真空承接管)以及接收瓶等组成。减压用蒸馏烧瓶通常用克氏蒸馏烧瓶,也可用厚壁圆底烧瓶和克氏蒸馏头组成。克氏蒸馏头有两个瓶口:带支管的瓶口装配温度计,另一垂直瓶口中插入一根末端拉成毛细管的玻璃管,其长度恰好使下端距离圆底烧瓶瓶底 1~2 mm,毛细管口要很细,但又能冒气泡,以便控制进气量。在玻璃管上端套一橡胶管,并用螺旋夹夹住,以调节进入的空气,使有极少量的空气进入液体呈微小气泡冒出,作为液体沸腾的气化中心,使蒸馏平稳进行。接收瓶可选择蒸馏烧瓶,但不能使用平底烧瓶或锥形瓶。

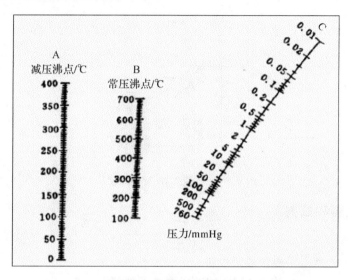

图 2-10 液体在常压和减压下的沸点近似关系图

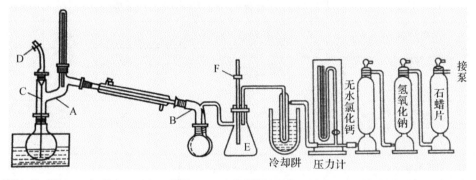

图 2-11 减压蒸馏装置
A—克氏蒸馏头;B—多尾真空承接管;C—毛细管;D—螺旋夹;E—安全瓶;F—活塞

实验室常用的减压泵有循环水真空泵和真空油泵。循环水真空泵真空度可达 2 000~4 000 Pa。油泵能抽至真空度 13.3 Pa。如果采用水泵或循环水真空泵抽真空,可不设置保护体系。当采用油泵减压时,必须十分注意油泵的保护。为了防止易挥发有机物、水、酸等蒸气侵入油泵内造成腐蚀,必须在馏出液接收器与油泵之间依次安装冷却阱、水银压力计、净化塔和缓冲用的吸滤瓶。

减压蒸馏的整个系统必须保持密封不漏气,选用的玻璃仪器应壁厚、耐压,磨口玻璃塞部位都应仔细地涂好真空脂或凡士林,橡胶管应用厚壁耐压橡胶管。

旋转蒸发仪(见图 2-12)的基本原理就是蒸馏烧瓶在连续转动下的减压蒸馏。旋转蒸发仪通过电子调速,使烧瓶在合适的速度下恒速旋转,在加热、恒温、负压条件下,使瓶内溶液扩散蒸发,然后再冷凝回收溶剂,常用于有机试剂的浓缩、结晶、分离、回收等。

图 2-12 RE52AA 旋转蒸发仪

(三)实验仪器和试剂

1. 实验仪器

表 2-13 为实验所需主要仪器及设备。

表 2-13 实验所需主要仪器及设备

仪器名称	规格	单位	数量
圆底烧瓶	250 mL	个	1
克氏蒸馏头		个	1
毛细管	200 mm	根	1
温度计	200 ℃	支	1
冷凝管	300 mm	个	1
二叉管		个	1
圆底烧瓶	100 mL	个	2
量筒	100 mL	个	1
抽滤瓶	500 mL	个	1
循环水真空泵		台	1
铁架台		个	2
电加热套		台	1
硅胶管		根	若干
旋转蒸发仪	上海亚荣 RE52AA	台	1

2. 实验试剂

表 2－14 为实验所需试剂。

表 2－14　实验所需试剂

试剂名称	级别	用量
苯胺	A. R.	60 mL
辣椒色素/乙酸乙酯提取液	自制	60 mL

注:A.R.代表分析纯。

3. 实验装置

实验装置包括减压蒸馏装置(见图 2－11)和旋转蒸发仪(见图 2－12)。

(四)实验内容

1. 减压蒸馏

为使系统密闭性好,使用前磨口仪器的所有接口部分都必须用真空油脂润涂好。

按照从下至上、从左到右依次安装 250 mL 圆底烧瓶、毛细管(柱顶安装乳胶管,内衬一细铜丝)、克氏蒸馏头、温度计、冷凝管、二叉管、2 个 100 mL 圆底烧瓶(作为接收瓶)、500 mL 抽滤瓶(作为安全瓶),并连接循环水真空泵(见图 2－11)。

检查装置气密性。旋紧毛细管顶端乳胶管上的螺旋夹,确认二通活塞打开,开动循环水真空泵,然后缓慢关闭二通活塞,压力表指针偏转。减压至压力稳定后,夹住连接系统的橡胶管,观察压力计是否变化,无变化说明不漏气,有变化即表示漏气。如果仪器装置紧密不漏气,系统内的真空情况应能保持良好,然后慢慢旋开安全瓶上的二通活塞,放入空气直至内外压力相等为止。

加入待蒸馏液体(苯胺)120 mL 于 250 mL 圆底烧瓶中(待蒸馏液体积不得超过圆底烧瓶容积的 1/2)。旋紧毛细管上的螺旋夹,打开安全瓶上的二通活塞,开动水泵,再慢慢关闭安全瓶上的二通活塞,并通过该旋塞调节体系真空度至所需值。调节毛细管上的螺旋夹控制空气导入量,以冒出一连串小气泡为宜。当达到所要求的压力且稳定后,打开冷却水,开始加热。循环水泵压力达到 $-0.097\,5$ MPa,设定电加热套温度为 110 ℃(加热温度一般较液体的沸点高出 20～30 ℃,苯胺沸点在真空度 -0.095 MPa 下为 75～80 ℃)。蒸馏速度为每秒 1～2 滴为宜。待达到所需的沸点时,转动二叉管更换接收瓶,继续蒸馏。记录体系的压力和温度计读数。

当瓶内只剩少量液体时,若维持原来的加热速度,温度计读数突然下降,此时即可停止蒸馏,不能将瓶内液体蒸干。蒸馏完毕后,关闭电加热套,待蒸馏烧瓶稍冷却后慢慢旋开毛细管上橡皮管的螺旋夹,再慢慢打开安全瓶上的活塞,平衡内外压力,使压力计缓慢恢复原状,然后关闭水泵。

量取馏出液体积,计算回收率。

2. 减压蒸馏注意事项

(1)被蒸馏液体中如果有低沸点物质时,通常先进行普通蒸馏,再采用水泵进行减压蒸馏,而油泵减压蒸馏应在水泵减压蒸馏后进行。

(2)待蒸馏溶液的量不超过烧瓶容积的1/2。

(3)在系统充分抽真空后通冷却水,再加热(一般用油浴)蒸馏,一旦减压蒸馏开始,就应密切注意蒸馏情况,调整体系内压,记录压力和相应的沸点值,根据要求收集不同馏分。

(4)旋开螺旋夹和打开安全瓶上二通活塞不能太快,应缓慢调节使压力缓慢回复。

(5)必须待内外压力平衡后,才可关闭真空泵,以免抽气泵中的油倒吸入干燥塔。最后按照与安装相反的顺序拆除仪器。

3. 旋转蒸发仪的使用

安装好旋转蒸发仪的各部件,使得仪器稳固,装上接收瓶,用卡口卡牢,打开冷凝水。在茄形烧瓶中加入自制辣椒色素/乙酸乙酯溶液 60 mL(待蒸馏液体积不能超过烧瓶容积的2/3)。连接防爆球,并用卡口卡牢。

打开水泵电源,抽真空,待烧瓶吸住后,用升降控制开关使茄形烧瓶浸没在水浴中。打开旋转蒸发仪的电源,慢慢往右旋,调节旋转速度在 70 r/min 左右。加热水浴,根据烧瓶内液体的沸点设定加热温度为 25 ℃(先设置低温,稳定后再调高温度)。在设定温度下旋转蒸发。蒸完后控制升降开关使烧瓶离开水浴,然后停止旋转。缓慢打开真空活塞,使体系通大气,取下烧瓶,关闭水泵。

清洗并烘干接收瓶、防爆球和茄形烧瓶。

4. 旋转蒸发注意事项

(1)玻璃仪器安装前应洗净,擦干或烘干,各磨口、密封面、密封圈及接头均要涂真空脂。

(2)加热槽通电前必须加水,不允许无水干烧。

(3)如真空抽不上来需检查:各接头、接口是否密封;密封圈、密封面是否有效;主轴与密封圈之间真空脂是否涂好;真空泵及连接管是否漏气;玻璃仪器是否有裂缝、碎裂和损坏的现象。

(五)实验记录与处理

(1)详细记录实验过程,包括具体的实验步骤的操作时间、操作内容、加入试剂的量、实验观察到的现象等。

(2)根据减压蒸馏回收得到的乙醇体积(mL)和质量(g)计算其密度,并根据附表 B 查找所对应的纯度。

(六)实验思考题

(1)什么情况下采用减压蒸馏?
(2)使用油泵减压时,需要哪些吸收和保护装置? 作用是什么?
(3)减压蒸馏时为什么先抽真空再加热?

实验六　辣椒色素的提取

(一)实验目的

(1)了解辣椒色素的组成;
(2)了解索氏提取器的基本原理和应用;

（3）了解天然有机化合物的提取。

（二）实验原理

1. 辣椒色素

辣椒色素是从成熟红辣椒果实中提取的一种天然色素，色泽鲜艳，着色力强且效果好，可用于多种食品（如肉类、色拉、罐头与饮料、糕点、水产加工品等）的着色，还具有防治心血管系统疾病、调节免疫系统活性、抗癌美容、抗氧化等生理作用。

辣椒色素主要由红色和黄色组分组成。辣椒红色组分极性较大，具有6-酮基环戊醇端基结构，主要包括辣椒红素和辣椒玉红素，统称为辣椒红色素，其中辣椒红素约占色素总量的50%，辣椒玉红素约占8.3%。辣椒黄色组分极性较小，含有六元环端基结构，主要成分玉米黄素约占14%，β-胡萝卜素约占13.9%，此外还有β-隐黄素、叶黄素、紫黄素等色素类物质（见图2-13）。

辣椒红素在植物体内与脂肪酸发生酯化反应，以单酯或二酯的形式存在，包括辣椒红素脂肪酸酯、辣椒红素二乙酸酯和辣椒红素二软脂酸酯等多种成分。辣椒红素的分子式为$C_{40}H_{56}O_3$，相对分子质量为584.85，其分子结构如图2-13(a)所示。辣椒红素二酯分子结构如图2-13(b)所示。辣椒红素是具有特殊气味的深红色油状液体，无辣味，有辣椒的香味，几乎不溶于甘油和水，溶于大多数非挥发性油，也溶于正己烷、丙酮、乙醇等，耐酸碱性和耐热性较好，对可见光稳定，但在紫外线下易褪色。

辣椒玉红素的分子式为$C_{40}H_{56}O_4$，相对分子质量为600.85，其分子结构如图2-13(c)所示，辣椒玉红素二酯的分子结构如图2-13(d)所示。辣椒玉红素是辣椒红素的氧化物，是具有特殊气味的深红色油状液体，几乎不溶于乙醇和水，溶于大多数非挥发性油，也溶于正己烷、丙酮、石油醚等。辣椒玉红素结构中6,6′位有2个共轭酮基，使其稳定性强于辣椒红素。

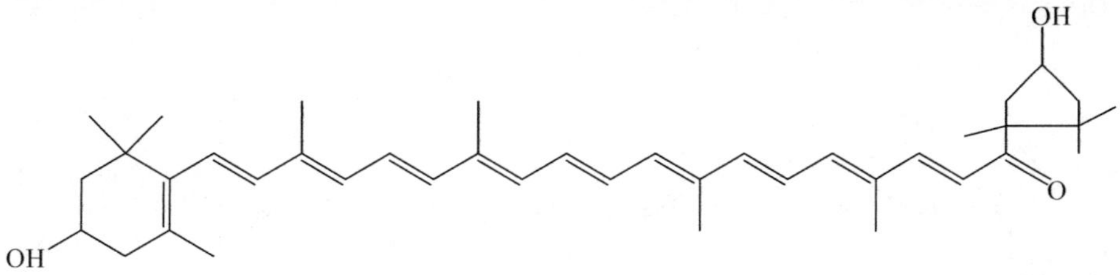

(a)

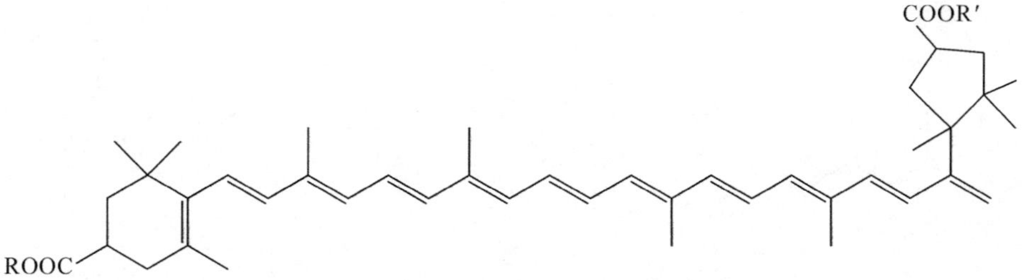

(b)

图2-13　辣椒色素中部分组分的分子结构

(a)辣椒红素的分子结构；(b)辣椒红素二酯的分子结构

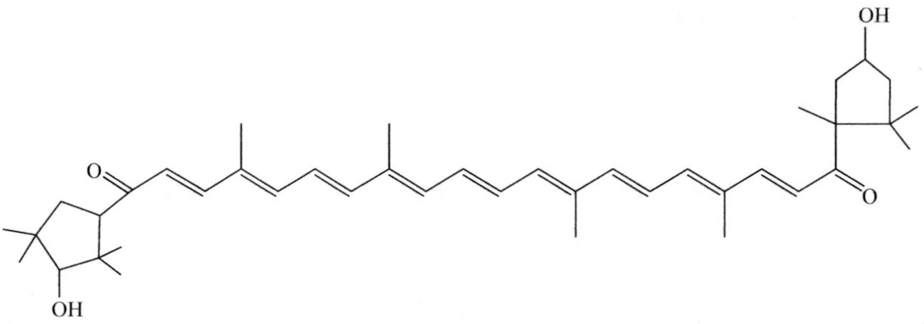

(c)

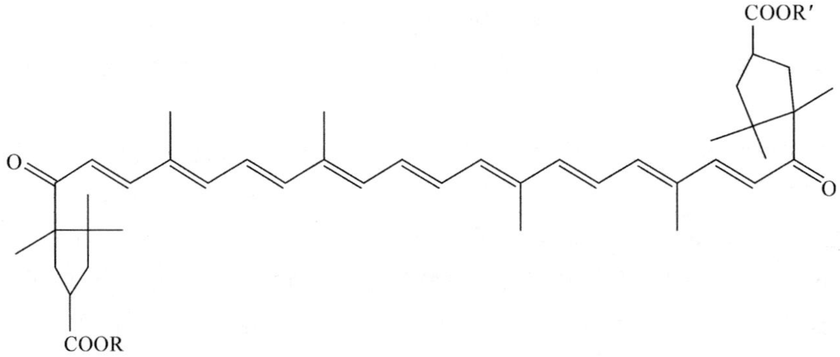

(d)

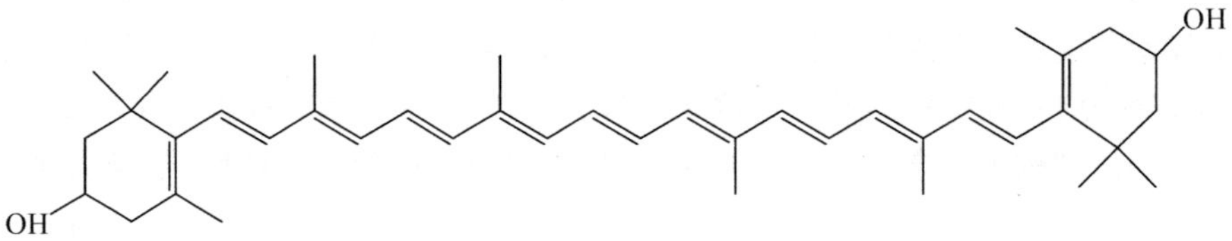

(e)

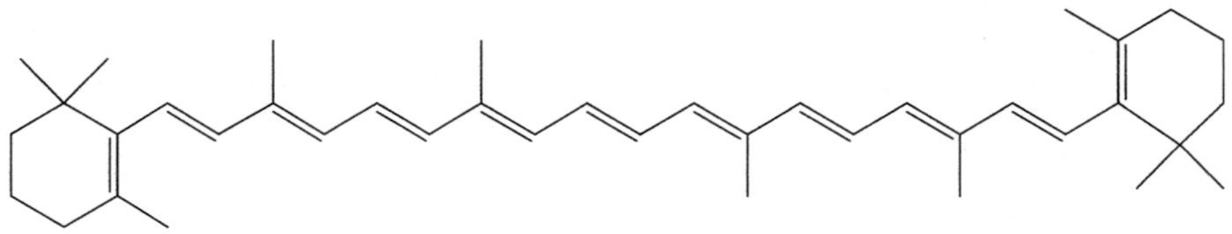

(f)

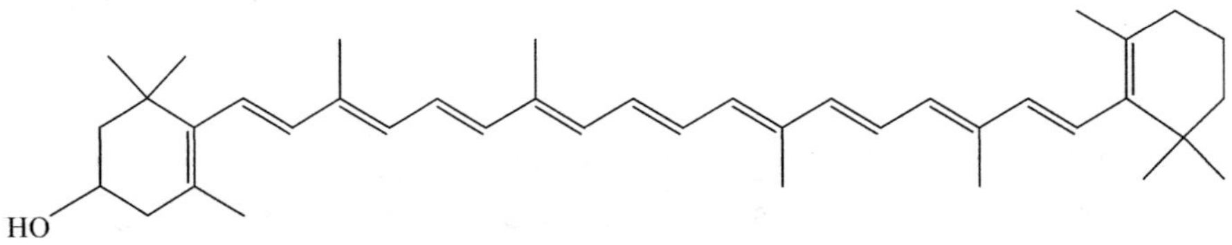

(g)

续图 2-13　辣椒色素中部分组分的分子结构

(c) 辣椒玉红素的分子结构；(d) 辣椒玉红素二酯的分子结构；(e) 玉米黄素的分子结构；

(f) β-胡萝卜素的分子结构；(g) β-隐黄素的分子结构

（h）

（i）

续图 2-13　辣椒色素中部分组分的分子结构

（h）叶黄素的分子结构；（i）紫黄素的分子结构

辣椒黄色组分主要包括玉米黄素、β-胡萝卜素、β-隐黄素和叶黄素等，是一类橘黄或黄色的脂溶性化合物，在植物体内主要是以脂肪酸酯的形式存在。单羟基的类胡萝卜素（如β-隐黄素）主要以游离态和单酯态存在；双羟基的类胡萝卜素（如玉米黄素）可以游离态、单酯态或二酯态存在。玉米黄素的分子式为 $C_{40}H_{56}O_2$，相对分子质量为 568.88，其分子结构如图 2-13（e）所示。玉米黄素是一种含氧的类胡萝卜素，与叶黄素属同分异构体，其溶液和结晶呈橙红或橙黄色。玉米黄素溶于乙醚、石油醚、丙酮、酯类等有机溶剂，不溶于水，对光、热稳定性差，尤其光照对玉米黄素影响最大，可促使其严重褪色。

β-胡萝卜素的分子式为 $C_{40}H_{56}$，相对分子质量为 536.88，分子结构式如图 2-13（f）所示。β-胡萝卜素的结构中存在着多个共轭双键，为天然存在的共轭多烯烃化合物，是一种不含氧的类胡萝卜素，溶于二硫化碳、苯、氯仿，微溶于乙醚、石油醚、植物油、环己烷，几乎不溶于乙醇、水、酸、碱。β-胡萝卜素是一种良好的自由基猝灭剂，具有显著的抗氧化性，它在生物体中表现出许多生物学功能。

β-隐黄素（$C_{40}H_{56}O$）分子结构式如图 2-13（g）所示，叶黄素（$C_{40}H_{56}O_2$）分子结构式如图 2-13（h）所示，紫黄素（$C_{40}H_{56}O_4$）分子结构式如图 2-13（i）所示。其中β-隐黄素和叶黄素的结晶和溶液呈黄色，而紫黄素的结晶呈橙红或橙黄色。

2. 辣椒色素的提取

辣椒色素的提取通常采用长期浸出法和索氏提取器法。长期浸出法是从固体物质中萃取化合物的一种方法，即用溶剂将固体长期浸润而将所需要的物质浸出来。此法花费时间长，溶剂用量大，效率不高。

实验室多采用索氏提取器（Soxhlet Extractor，又名脂肪提取器或脂肪抽出器）来提取。索氏提取器利用溶剂回流及虹吸原理，使固体物质连续不断地被纯溶剂萃取，既节约溶剂，又提高了萃取效率。索氏提取器由提取瓶、提取管、冷凝器三部分组成，如图 2-14 所示。提

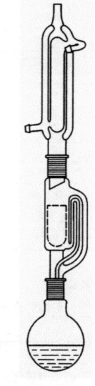

图 2-14　索氏提取器

取管两侧分别有虹吸管和联接管。提取时,将研碎的固体物质用纱布或滤纸包裹,放入提取管内。提取瓶内加入提取溶剂,加热提取瓶,溶剂气化后由联接管上升,遇冷凝器冷凝成液体滴入提取管内,浸提样品中的待提取物质。待提取管内溶剂液面达到一定高度,溶有待提取组分的溶剂经虹吸管流回提取瓶。流回提取瓶内的溶剂继续被加热气化、上升、冷凝,滴入提取管内,如此循环往复,直到抽提完全为止。

辣椒色素经提取后再经蒸馏或旋转蒸发仪除去大部分溶剂,即得到浓缩的辣椒色素溶液,呈深橘红色。辣椒色素易在高温、阳光下变质,需低温避光保存。后期还可采用薄层色谱或柱色谱对辣椒色素进行定性分析和组分分离。

(三)实验仪器和试剂

1. 实验仪器

表 2 - 15 为实验所需主要仪器及设备。

表 2 - 15　实验所需主要仪器及设备

仪器名称	规格	单位	数量
圆底烧瓶	100 mL,19 口	个	1
转接头	19 口转 24 口	个	1
回流冷凝器	20 cm	支	1
索氏提取管	60 mL	支	1
冷凝管	300 mm	支	1
蒸馏头	24 口	个	1
温度计	150 ℃	支	1
真空尾接管		个	1
锥形瓶	100 mL	个	1
量筒	100 mL	个	1
药匙		把	1
镊子		把	1
电加热套		台	1
硅胶管		根	2
电子天平	0～2 000 g	台	2(共用)
滤纸		片	1

2. 实验试剂

表 2 - 16 为实验所需试剂。

表 2 - 16　实验所需试剂

试剂名称	级别	用量
干红辣椒粉	食用级别	1.00 g
乙酸乙酯	分析纯	70 mL

3. 实验装置

实验装置为索氏提取器(见图 2 - 14)。

(四)实验内容

1. 辣椒色素的提取

在 100 mL 19 口圆底烧瓶中加入 70 mL 乙酸乙酯及搅拌子,用滤纸包裹 1.0 g 研细的干红辣椒粉放入索氏提取管中,滤纸上边缘不要高于虹吸管顶端。依次安装圆底烧瓶、索氏提取管及回流冷凝器。通冷却水,设定电加热套温度为 85 ℃,加热回流,提取管内液体循环 3~4 次后至澄清无色,停止加热。待提取液稍冷却后,从上往下依次拆卸仪器。

2. 辣椒色素浓缩

将上述装置改为蒸馏装置。从下往上、从左到右依次安装转换头、蒸馏头、温度计、冷凝管和锥形瓶。加热圆底烧瓶,设定电加热套温度 85 ℃,蒸馏辣椒色素溶液至剩余 5~10 mL,停止加热,待冷却后依次拆卸仪器,得到浓缩的辣椒色素溶液。

将蒸馏出的乙酸乙酯倒入回收瓶中。自制辣椒色素溶液留作薄层色谱用。

实验室内也可采用旋转蒸发仪浓缩辣椒色素/乙酸乙酯提取液。

3. 注意事项

(1)滤纸包应略低于虹吸管顶端,且包裹严密防止辣椒粉末漏出堵住虹吸管。

(2)蒸馏时切勿温度过高和蒸干,防止辣椒色素高温烧焦。

(五)实验记录与处理

详细记录实验过程,包括具体的实验步骤的操作时间、操作内容、加入试剂的量、实验观察到的现象等。

实验七　薄层色谱

(一)实验目的

(1)了解薄层色谱的基本原理和应用;

(2)掌握薄层色谱的基本操作;

(3)学习利用薄层色谱鉴定未知化合物。

(二)实验原理

色谱法是分离、提纯和鉴定有机化合物的重要方法。根据分离的原理不同,色谱可分为吸附色谱、分配色谱、离子交换色谱、凝胶色谱、亲和色谱等。根据操作条件的不同,色谱又可分为柱色谱、纸色谱、薄层色谱、气相色谱、高效液相色谱等。

薄层色谱(Thin Layer Chromatography,TLC)是一种微量、快速和简便的色谱方法,可用于分离混合物,鉴定和精制混合物,是近代有机分析化学中用于定性和定量的一种重要手段。它展开时间短,分离效率高,所需样品量少(几到几十微克,甚至 0.01 μg)。如果把吸附层加厚,将样品点成一条线时,又可用作制备色谱,用以精制样品。薄层色谱特别适用于挥发性较弱或在较高温度易发生变化而不能用气相色谱分析的物质。此外,在进行化学反应时,常利用薄层色谱观察原料斑点的逐步消失来判断反应是否完成。

薄层色谱属于固-液吸附色谱,其分离原理和过程与柱色谱相似。将吸附剂(固定相)均匀地涂在玻璃板上,把待分离样品点在薄层板一端,置薄层板于盛有展开剂(流动相)的展缸中。当展开剂在吸附剂上展开时,由于吸附剂对各组分吸附能力不同,展开剂对各组分的解吸能力也不同,各组分向前移动的速度会不同。其结果是吸附能力强的组分相对移动得慢些,而吸附能力弱的相对移动得快些。当展开剂上升到一定程度,停止展开时,各组分便停留在薄层板的不同部位,从而使混合物的各组分得以分离。

薄层色谱展开后如图 2-15 所示,混合物的每个组分上升的高度(L_1、L_2)与展开剂上升的前沿(L_0)之比称为该化合物的 R_f 值,又称比移值,如组分 1 的比移值为

$$R_f = \frac{L_1}{L_0}$$

式中:L_1 为组分 1 的最高浓度中心至起始线的距离;L_0 为展开剂前沿至起始线的距离。

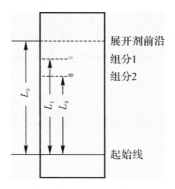

图 2-15 薄层色谱图

当固定相、流动相、温度和薄层板厚度等实验条件固定时,各化合物的 R_f 值是一个常数,因此可用 R_f 值对未知物进行定性鉴定。要想得到良好的分离,R_f 值应为 $0.15 \sim 0.75$,否则应该调换展开剂重新展开。

薄层色谱具体操作主要包括吸附剂的选择、薄层板的制备和活化、点样、展开和显色。

1. 吸附剂的选择

吸附剂又称固定相,用于与样品发生吸附作用的固定不动的物质。在混合物样品流经固定相的过程中,由于各组分与固定相吸附能力的不同,就产生了速度的差异,从而将混合物中的各组分分开。

薄层色谱最常用的吸附剂是硅胶和氧化铝。硅胶属于无定形多孔物质,略具酸性,适用于酸性和中性物质的分离和分析。薄层色谱用硅胶分为硅胶 H(不含黏合剂)、硅胶 G(含煅石膏黏合剂)、硅胶 HF_{254}(含荧光剂,可在波长 254 nm 的紫外线下发出荧光)、硅胶 GF_{254}(既含黏合剂,又含荧光剂)。薄层色谱用氧化铝也分为氧化铝 G、氧化铝 HF_{254} 及氧化铝 GF_{254},氧化铝的极性比硅胶大,适用于分离极性较小的化合物。

黏合剂除煅石膏外,还有淀粉、聚乙烯醇和羧甲基纤维素钠(CMC)。黏合剂使用时,一般配制成水溶液,常用羧甲基纤维素钠的质量分数为 $0.5\% \sim 1\%$,淀粉质量分数为 5%。

2.薄层板的制备和活化

实验室通常采用湿法制备薄层板。用药匙取适量调好的硅胶糊状吸附剂,倒在洁净、干燥

的玻璃板上,用手左右摇晃,使其表面均匀平整,无气泡、颗粒等,厚度为 0.25～1 mm,然后室温晾干。当采用大的玻璃板或需大量铺板时,可采用薄层涂布器进行制板。注意,硅胶糊状物易凝结,必须现用现配,不宜久放。将制好的薄层板室温晾干后,再放在烘箱内慢慢升温,加热活化,进一步除去水分。硅胶板活化温度为 105～110 ℃,保持 30 min 即可。活化后的薄层板应保存在干燥器中备用。

也可根据需要直接选用商品化的薄层色谱板。商品化的薄层色谱板根据基板不同分为玻璃板和铝箔板,根据用途不同分为分析板和制备板,根据吸附剂不同分为硅胶板和微晶纤维素板等,根据尺寸不同有如下规格:25 mm×75 mm、50 mm×100 mm、50 mm×200 mm、100 mm×100 mm、100 mm×200 mm 等。

本实验中所用薄层色谱用硅胶板为商品化的 GF$_{254}$ 硅胶板,如图 2-16 所示,可直接进行样品的点样、展开和显色。

图 2-16　商用硅胶板

3. 点样

将样品溶于低沸点溶剂(如甲醇、乙醇、丙酮、氯仿、苯、乙醚及四氯化碳)中,配制成1%左右的溶液,用点样毛细管吸取少量样品,在距离薄层板一端约 1 cm 处点样。若样品太稀,一次点样不够,可待前一次点样的溶剂挥发后再重新点样,但每次点样都应在同一圆心上,重复2～5次即可。点样后斑点直径不超过 2 mm,点样斑点过大往往会造成拖尾、扩散等现象,影响分离效果。若在同一薄层板上点几个样品,样品需在一条直线上,且样点间距应不小于 1 cm。点样结束,待样品干燥后,方可进行展开。

4. 展开

选择适当的展开剂是薄层色谱展开的首要任务。展开剂选择主要根据样品的极性、溶解度、吸附剂的活性等因素来考虑。

溶剂的极性越大,则对化合物的洗脱能力也越强,即 R_f 值越大。常用展开剂的极性顺序为:乙酸>吡啶>水>醇类(甲醇>乙醇>正丙醇)>丙酮>乙酸乙酯>乙醚>氯仿>二氯甲烷>甲苯>环己烷>正己烷>石油醚。极性溶剂对于洗脱极性化合物是有效的,非极性溶剂对于洗脱非极性化合物是有效的。分离复杂的混合物时,单一溶剂不能达到很好的分离效果,往往使用混合溶剂,通常使用由一个高极性和一个低极性溶剂组成的混合溶剂,通过优化不同极性溶剂的配比,以达到最好的分离效果。

薄层色谱的展开,如图 2-17 所示,需要在密闭的容器(展开瓶或展开缸)内进行。先将选择好的展开剂倒入展开瓶中,液层高度约 0.5 cm,再使瓶内溶剂蒸气饱和 5～10 min,也可加入一滤纸条使其尽快达到饱和。然后将点好样品的薄层板按图 2-17(a)所示放入展开瓶中进行展开。注意应使展开液面高度低于样品斑点,若展开多个样品时应使样品间距不小于 1 cm。展开过程中,样品斑点随着展开剂向上迁移,当展开剂前沿距离薄层板顶端约 0.5 cm 时,立即取出薄层板,并迅速标记溶剂前沿位置,放平晾干。

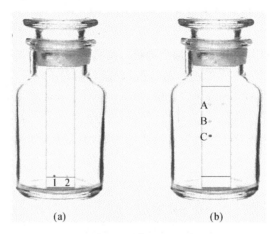

图 2-17 薄层色谱展开

5. 显色

被分离物质如果是有色组分,展开后薄层色谱板上即呈现有色斑点。如果化合物本身无色,则可用碘蒸气熏蒸的方法显色,还可使用腐蚀性的显色剂(如浓硫酸、浓盐酸和浓磷酸等)显色。对于含有荧光剂的薄层板,可在紫外光下观察,展开后的有机化合物在亮的荧光背景上呈暗色斑点。用各种显色方法使斑点出现后,应立即用铅笔圈好斑点的位置,并计算 R_f 值。

采用薄层色谱对样品进行定性分析,如图 2-17(b)所示,将混合物 1 和标准品 2 进行对比,展开后组分 A 斑点与标准品 2 颜色相同、位置相同(即 R_f 值相等),则认为混合物 1 中组分 A 与标准品 2 为同一化合物。

(三)实验仪器和试剂

1. 实验仪器

表 2-17 为实验所需主要仪器及设备。

表 2-17 实验所需主要仪器及设备

仪器名称	规格	单位	数量
广口瓶	250 mL	个	2
量筒	10 mL	个	2
胶头滴管		支	2
镊子		把	1
不锈钢尺		把	1
薄层板	GF$_{254}$	个	3
点样用毛细管		支	3
滤纸条		条	3

2. 实验试剂

表 2-18 为实验所需试剂。

表 2-18　实验所需试剂

试剂名称	级别	用量
辣椒红（辣椒精油）	TCI	
β-胡萝卜素	96％，Macklin	
辣椒红/乙酸乙酯溶液	TCI 样品	
β-胡萝卜素/石油醚溶液	Macklin 样品	
丙酮	A.R.	1 mL
石油醚	A.R.，60～90 ℃	10 mL
辣椒色素/乙酸乙酯溶液	自制	
展开剂[V(丙酮)：V(石油醚)＝1：10]	自制	

3. 实验装置

实验装置为薄层色谱展开（见图 2-17）装置。

（四）实验内容

1. 薄层色谱

（1）点样。用铅笔在距薄层板底边一端 1 cm 处划一横线作为起始线，然后用毛细管吸取自制辣椒色素样品，在起始线上小心点样，切勿刺破薄层，且斑点直径不要超过 2 mm。若样品太稀，可重复点样，但应待前次点样的溶剂挥发后方可重新点样，以防斑点过大，造成拖尾、扩散等现象，而影响分离效果。在与自制样品间距大于 1 cm 处，点 TCI 样品进行组分对比。

（2）展开。取洁净的量筒，按照丙酮与石油醚体积比 1：10 的比例配制展开剂。在250 mL 广口瓶内将展开剂混均，并加入一滤纸条，密闭 5～10 min 使瓶内溶剂蒸气饱和。将点好的薄层板小心放入广口瓶中，点样一端朝下，浸入展开剂中，勿使样点浸入液面以下。盖好瓶盖，观察展开剂前沿上升至距离薄层板顶端约 1 cm 处时取出，在薄层板上立即用铅笔标出展开剂前沿位置并圈出有色斑点位置，放平晾干。量取有色斑点中心与起始线的距离，记为 a，量取溶剂前沿到起始线的距离 b，计算 R_f 值。

（3）显色。辣椒色素各组分均为有色组分，在薄层板上呈现有色斑点。

按照薄板各斑点位置，绘制 TLC 示意图，并注明斑点颜色及组分名称。对辣椒色素进行混合物的分离，按 R_f 值大小依次得到黄色（β-胡萝卜素）、大红色（辣椒红色素）和淡红色（辣椒玉红素）等斑点。

2. 薄层色谱样品对比

取自制辣椒色素/乙酸乙酯提取液和 TCI 辣椒红/乙酸乙酯提取液，在薄层板上分别点样，两点之间间距应大于 1 cm，将薄层板放入广口瓶中展开，观察展开剂前沿上升至距离薄层板顶端 1 cm 处时取出，标记溶剂前沿和各斑点位置。对比两样品的斑点位置，发现自制样品中斑点位置与 TCI 辣椒红组分斑点位置基本一致，说明两者组分基本相同。

3. β-胡萝卜素定性分析

取自制辣椒色素/乙酸乙酯提取液和 Macklin β-胡萝卜素/石油醚溶液，在薄层板上分别点样,将薄层板放入广口瓶中展开,观察展开剂前沿上升至距离薄层板顶端 1 cm 处时取出,标记溶剂前沿和各斑点位置。对比两样品的斑点位置,发现自制样品中第一个黄色斑点与 β-胡萝卜素标准品位置相同,即 R_f 值相同。因此可知,自制样品中第一个黄色斑点组分为 β-胡萝卜素。

4．注意事项

(1)将取用展开剂的量筒和展开瓶清洗干净并烘干,避免溶剂对展开剂的影响。

(2)载玻片应干净且不被手污染,吸附剂在玻片上应均匀平整。

(3)点样不能戳破层板面,各样点间距 1～1.5 cm,样点直径应不超过 2 mm。

(4)展开剂的高度不要超过点样线,否则试样溶于展开剂,导致薄层色谱无法展开。

(5)点样时,若样品浓度较高,点样 1 次即可;若浓度太低,可重复点样 2～3 次,但需待上次点样溶剂挥发后再重新点样。

(6)展开时,不要让展开剂前沿上升至顶端。否则,无法确定展开剂上升高度,即无法求得 R_f 值和准确判断混合物中各组分在薄层板上的相对位置。

(五)实验记录与处理

(1)详细记录实验过程,包括具体的实验步骤的操作时间、操作内容、加入试剂的量、实验观察到的现象等。

(2)记录自制辣椒色素、TCI辣椒红及胡萝卜素标准品的薄层色谱展开数据,并计算各组分的比移值;对自制辣椒色素与 TCI 辣椒红进行组分对比,并通过与胡萝卜素标准品对比进行样品定性分析,给出对应的结论,见表 2－19。

表 2－19　薄层色谱实验记录表

试剂	薄层色谱图 (注明斑点位置及颜色)	测量数据	比移值 R_f
自制辣椒色素		$b=$ $a_1=$ $a_2=$ $a_3=$	
TCI辣椒红		$b=$ $a_1=$ $a_2=$ $a_3=$	
	结论		
Mackli β-胡萝卜素(定性分析)		$b=$ $a=$	
	结论		

(六)实验思考题

(1)薄层色谱法点样的注意事项有哪些?

（2）如何改变辣椒色素展开剂的比例，对比展开剂极性对辣椒色素组分的分离效果？试说明怎样调节展开剂以达到更好的分离效果。

实验八　柱　色　谱

（一）实验目的

（1）掌握柱色谱的分离技术和操作要点；
（2）掌握如何正确地配制洗脱剂。

（二）实验原理

柱色谱法是固-液吸附色谱，原理与薄层色谱类似。使用柱色谱时，必须先做薄层色谱以确定最佳分离条件。

柱色谱也叫柱层析，是通过色谱柱来实现分离的，即将混合物溶液通过装有吸附剂的色谱柱，利用吸附剂对各组分吸附能力的不同，经过洗脱剂的洗脱而将各组分分离。柱分离过程如图 2-18 所示。与薄层色谱不同的是，展开过程中薄层色谱是从下往上展开，而柱色谱是从上往下进行。

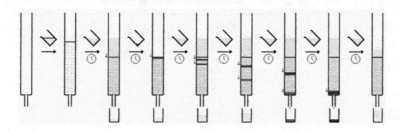

图 2-18　柱色谱的分离过程示意图

柱色谱常用的吸附剂有氧化铝、硅胶、氧化镁、碳酸钙和活性炭等。吸附剂一般要经过纯化和活性处理。选择吸附剂的首要条件是与被吸附物及展开剂均无化学作用。吸附剂的吸附能力与其颗粒大小有关：颗粒太粗，流速快，分离效果不好；颗粒小，表面积大，吸附能力就高，但流速慢，因此应根据实际分离需要而定。柱色谱用的氧化铝可分酸性、中性和碱性三种。

吸附剂的吸附能力与其分子极性有关。分子极性越强，吸附能力越强。分子中所含基团的极性较大，其吸附能力也较强。具有下列极性基团的化合物，其吸附能力依次递增：Cl—、Br—、I—<—C=C<—OCH₃<—CO₂R<—C=O<—CHO<—SH<—NH₂<—OH<—COOH。

吸附剂的吸附能力与溶剂的性质有关，选择溶剂时还应考虑到被分离物各组分的极性和溶解度。先将要分离的样品溶于一定体积的溶剂中，选用的溶剂极性应低，体积要小。如有的样品在极性低的溶剂中溶解度很小，则可加入少量极性较大的溶剂，使溶液体积不会太大。色层的展开首先使用极性较小的溶剂，使最容易脱附的组分分离。然后加入不同比例的极性溶剂配成的洗脱剂，将极性较大的化合物自色谱柱中洗脱下来。常用的洗脱剂的极性按以下顺序递增：己烷和石油醚<环己烷<四氯化碳<三氯乙烯<二硫化碳<甲苯<苯<二氯甲烷<氯仿<乙醚<乙酸乙酯<丙酮<丙醇<乙醇<甲醇<水<吡啶<乙酸。

吸附柱色谱的分离效果不仅依赖于吸附剂和洗脱溶剂的选择，而且与制成的色谱柱有关。

色谱柱的大小,视待分离物质的量而定。柱的长度与直径之比为 1∶10～1∶20,固定相用量与分离物质的量比为 1∶50～1∶100。先将玻璃管洗净干燥,柱底铺一层玻璃棉或脱脂棉,再铺上一层约 0.5 cm 厚的海砂,然后将氧化铝装入管内,必须装填均匀,严格排除空气,吸附剂不能有裂缝,装填方法有湿法和干法两种:

(1)湿法装柱:将溶剂倒入管内,再将吸附剂和溶剂调成浆状,慢慢倒入管中,打开管子下端旋塞,使溶剂流出,吸附剂逐渐下沉,加完吸附剂后,继续让溶剂流出,至吸附剂沉淀位置不变为止。

(2)干法装柱:在管的上端放一漏斗,将吸附剂均匀装入管内,轻敲柱体,使之填装均匀,然后加入溶剂,至吸附剂全部润湿,吸附剂的高度为管长的 3/4。吸附剂顶部盖一层约 0.5 cm 厚的海砂,敲打柱子,使吸附剂顶端和海砂上层保持水平。先用纯溶剂洗柱,再将要分离的物质加入,溶液流经柱后,流速保持每秒 1～2 滴,可由柱下的旋塞控制。最后用溶剂洗脱。整个过程吸附剂都应有溶剂覆盖。

(三)实验仪器和试剂

1.实验仪器

表 2-20 为实验所需主要仪器及设备。

表 2-20 实验所需主要仪器及设备

仪器名称	规格	单位	数量
层析柱	300 mm×φ15 mm	支	1
量筒	10 mL	个	1
量筒	100 mL	个	1
储液球	100 mL	个	1
加压球		个	1
烧杯	100 mL	个	1
不锈钢尺		把	1
薄层板	GF_{254}	个	3
点样用毛细管		支	3
滤纸条		条	3

2.实验试剂

表 2-21 为实验所需试剂。

表 2-21 实验所需试剂

试剂名称	级别	用量
丙酮	A.R.	
石油醚	A.R.,60～90 ℃	
辣椒色素/乙酸乙酯溶液	自制	
展开剂[V(丙酮)∶V(石油醚)=1∶10]	自制	
层析硅胶	100～200 目	

3.实验装置

实验装置为层析柱[见图1-5(p)]。

(四)实验内容

1.柱色谱

清洗并干燥 300 mm×ϕ15 mm 砂芯色谱柱、2～3 个 250 mL 锥形瓶及若干洁净试管作洗脱液的接收器。

用夹子垂直固定色谱柱。取少量石油醚加入色谱柱中,检查其密闭性,确定不漏后,再加入石油醚(约 50 mL)至色谱柱高的 2/3。

称取 10 g 硅胶粉与石油醚混合调成浆状,然后从玻璃漏斗中缓缓加入色谱柱中,打开柱下旋塞使溶剂流出,吸附剂硅胶粉渐渐下沉。硅胶粉加完后,继续让溶剂流出,至硅胶粉沉淀不变为止。硅胶粉高度约为柱体的 3/4。装柱过程中可轻轻敲击柱体,使填料平整,必要时加压将硅胶粉填料压实,使其在柱中堆积紧实。

当石油醚高度距硅胶粉表面 5 mm 时,关闭旋塞,在硅胶粉上层加入约 5 mm 厚海砂(海砂必须完全盖住硅胶表面,在任何情况下硅胶粉表面不得露出液面)。敲打柱子,使硅胶粉顶端和海砂上层保持水平。

用滴管吸取 0.5 mL 自制辣椒色素/乙酸乙酯浓缩液,从色谱柱上端滴入色谱柱中。打开旋塞,使液面下降到柱面以下 1 mm 左右,关闭旋塞。用滴管加数滴石油醚,打开旋塞使液面下降,重复操作,直到色素全部进入柱体。

加入体积比 15∶1 的石油醚/丙酮混合液作为洗脱剂。打开旋塞,当第一个有色成分即将滴出时,取一试管承接洗脱液,得橙黄溶液(组分 a,β-胡萝卜素)。继续用同样的方法,分出第二个色带(组分 b,亮橙色)、第三个色带(组分 c,亮黄色)。再用体积比 10∶1 的石油醚/丙酮混合液作为洗脱剂洗脱第四个色带(组分 d,粉红色带 1)和第 5 个色带(组分 e,粉红色带 2)。

收集各色带后,采用旋转蒸发仪浓缩各组分。然后进行点板,与辣椒色素/乙酸乙酯浓缩液、β-胡萝卜素进行对比,定性分析。

实验完毕,洗净仪器,整理实验台。

2.注意事项

(1)色谱柱填装紧密与否,对分离效果有很大影响。柱中不能留有气泡或各部分松紧不匀,更不能有断层或暗沟,否则会影响渗滤速度和显色的均匀。但如果填装时过分敲击,又会因太紧密而流速太慢。

(2)为了保持色谱柱的均一性,应使整个吸附剂始终浸泡在溶剂或溶液中。否则,当柱中溶剂或溶液流干时,就会使柱身干裂,影响渗透和显色的均一性。

(3)最好用移液管或滴管将分离的溶液转移至柱中。

(4)如不配置储液瓶,可采用每次倒入 10 mL 洗脱剂的方法进行洗脱。

(5)分离后的单一色素提取液不宜长期存放,必要时应抽干充氮,避光低温保存。

(五)实验记录与处理

(1)详细记录实验过程,包括具体的实验步骤的操作时间、操作内容、加入试剂的量、实验观察到的现象等。

(2)记录各承接组分的薄层色谱展开数据并计算相应的比移值,分析柱色谱的分离效果,并提出改进措施。

第三部分 有机化学合成实验

实验九 环己烯的制备

(一)实验目的

(1)掌握由环己醇制备环己烯的原理及方法;

(2)了解分馏的原理及实验操作;

(3)练习并掌握蒸馏、分液、干燥等实验操作方法。

(二)实验原理

环己醇在浓酸作用下发生分子内脱水生成环己烯,还会发生副反应——分子间脱水生成环己醚。反应采用 85% 磷酸为催化剂,而不是采用浓硫酸作催化剂,是因为磷酸氧化能力较硫酸弱得多,减少了氧化副反应。

主反应:

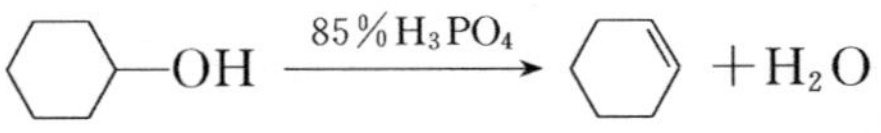

$$\text{\Large$\bigcirc$}\text{—OH} \xrightarrow{85\% H_3PO_4} \text{\Large$\bigcirc$} + H_2O$$

副反应:

$$2\,\text{\Large$\bigcirc$}\text{—OH} \xrightarrow{85\% H_3PO_4} \text{\Large$\bigcirc$}\text{—O—}\text{\Large$\bigcirc$} + H_2O$$

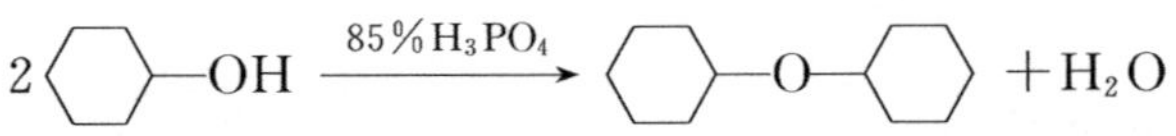

环己醇脱水反应为可逆反应,本实验采用边反应边蒸出所生成的环己烯和水形成的二元共沸物[沸点 70.8 ℃,含水 10%(质量分数,下同)]。但是原料环己醇也能和水形成二元共沸物(沸点 97.8 ℃,含水 80%),为了使产物以共沸物的形式蒸出反应体系,而又减少原料环己醇的挥发,本实验采用分馏装置,并控制柱顶温度不超过 90 ℃。

(三)实验仪器和试剂

1. 实验仪器

表 3-1 为实验所需主要仪器及设备。

表 3-1 实验所需仪器及设备

仪器名称	规格	单位	数量
圆底烧瓶	50 mL	个	1
分馏柱		个	1

续表

仪器名称	规格	单位	数量
空心玻璃塞		个	1
尾接管		个	1
锥形瓶	250 mL	个	1
蒸馏头		个	1
温度计	250 ℃	支	1
冷凝管		个	1
锥形瓶	150 mL	个	1
锥形瓶	100 mL	个	1
锥形瓶	50 mL	个	1
分液漏斗	250 mL	个	1
量筒	100 mL	个	1
玻璃棒		支	1
铁架台		个	1
电加热套		台	1
水浴锅		个	1
电子天平	0～2 000 g	台	2(共用)

2. 实验试剂

表 3-2 为实验所需试剂。

表 3-2　实验所需试剂

试剂名称	级别	用量
环己醇	A.R.	10 mL
85%磷酸	A.R.	5 mL
沸石		少量
饱和氯化钠溶液	A.R.	10 mL
无水氯化钙	A.R.	1～2 g

3. 实验装置

环己烯反应装置如图 3-1 所示。

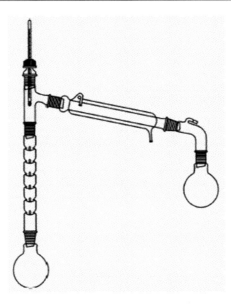

图 3-1　环己烯反应装置

(四)实验内容

在 50 mL 干燥的圆底烧瓶中加入 10 mL 环己醇、5 mL 85%磷酸,充分摇荡使液体混合均匀,并加入一粒搅拌子,按图 3-1 安装反应装置,用 100 mL 锥形瓶作接收瓶并置于冰水浴中。设置电加热套温度为 90 ℃,慢慢加热混合物至沸腾,控制加热速度使分馏柱上端的温度不超过 90 ℃,馏出液为带水的混合物。当烧瓶中只剩下很少量的残液并出现阵阵白雾时,即可停止加热。全部反应时间约需 40 min。

将蒸馏液分去水层,加入等体积的饱和氯化钠溶液,倒入分液漏斗中充分振摇后静置分层。将下层水溶液自漏斗下端活塞放出,上层粗产物从漏斗上口倒入干燥的小锥形瓶中,加入 1~2 g 无水氯化钙干燥。将干燥后的产物倒入干燥的 50 mL 圆底烧瓶中,并加入一粒搅拌子,加热蒸馏。收集 80~85 ℃的馏分。称重,计算产率。

实验注意事项如下:

(1)环己醇在常温下是黏稠状液体,若用量筒量取时应注意转移中的损失。因此,取样时,最好先量取环己醇,再量取磷酸。

(2)环己醇与磷酸应充分混合,否则在加热过程中会发生局部碳化,使溶液变黑。

(3)反应中环己烯与水形成共沸物(沸点 70.8 ℃,含水 10%);环己醇也能与水形成共沸物(沸点 97.8 ℃,含水 80%)。因此加热时温度不可过高,蒸馏速度不宜太快,以减少未反应的环己醇蒸出。本实验可控制柱顶温度在 90 ℃以下。

(4)反应终点的判断:反应进行约 40 min;分馏出的环己烯和水的共沸物达到理论计算量;反应烧瓶中出现白雾;柱顶温度下降后又上升到 85 ℃以上。

(5)洗涤分水时,水层应尽可能分离完全,否则将增加无水氯化钙的用量,使产物更多地被干燥剂吸附而导致损失。采用无水氯化钙干燥较适合,因为它还可除去少量环己醇。无水氯化钙的用量视粗产品的含水量而定,一般干燥时间应在 30 min 以上,最好干燥过夜。但由于时间关系,实际实验过程中,可能干燥时间不够,这样在最后蒸馏时,可能会有较多的前馏分

（环己烯和水的共沸物）蒸出。

(6)在蒸馏已干燥的产物时,蒸馏所用仪器都应充分干燥。

(五)实验记录与处理

(1)详细记录实验过程,包括具体的实验步骤的操作时间、操作内容、加入试剂的量、实验观察到的现象等。

(2)根据反应方程式及所使用试剂的量计算理论产量,称量所得产物的质量,计算产率。

(六)实验思考题

(1)用磷酸作催化剂与用浓硫酸作催化剂相比有什么优点?

(2)使用分液漏斗有哪些注意事项?

(3)用无水氯化钙干燥有哪些注意事项?

(4)在纯化环己烯时,用等体积的饱和氯化钠溶液洗涤,而不是用水洗涤,目的何在?

实验十 溴乙烷的制备

(一)实验目的

(1)学习一级醇制备卤代烷的原理和方法;

(2)了解一般液体有机反应产物的分离纯化方法;

(3)熟悉标准磨口仪器和分液漏斗的使用,并巩固蒸馏等基本操作。

(二)实验原理

1. 溴乙烷的制备原理

实验室制备卤代烷,通常采用醇与氢卤酸反应,羟基被卤原子取代:

$$ROH + HX \Longleftrightarrow RX + H_2O$$

醇与氢卤酸反应,属于醇羟基的亲核取代反应。在强酸作用下,羟基质子化后由不好的离去基团转变为好的离去基团 H_2O,同时带正电荷的氧原子吸电子作用增强,使中心碳原子上的正电性增强,因此亲核反应更容易进行。

用此法制备溴代烷,可采用 47.5% 的浓氢溴酸,也可由溴化钠与浓硫酸反应制取氢溴酸。本实验采用乙醇与浓硫酸、溴化钠共热制备溴乙烷。醇和氢溴酸反应为可逆反应。为了使反应平衡向正反应方向移动,可以增加醇或氢溴酸的浓度,也可以设法不断地除去反应生成的溴代烷或水。本实验通过加入过量乙醇,同时把反应中生成的低沸点溴乙烷及时从反应体系中蒸馏出去,提高反应产率。

主反应:

$$NaBr + H_2SO_4 \longrightarrow HBr + NaHSO_4$$

$$C_2H_5OH + HBr \Longleftrightarrow C_2H_5Br + H_2O$$

主要的副反应为醇的分子内脱水和分子间脱水及溴化氢被浓硫酸氧化,方程式如下:

$$2C_2H_5OH \xrightarrow[140\ ℃]{H_2SO_4} C_2H_5OC_2H_5 + H_2O$$

$$C_2H_5OH \xrightarrow[170\ ℃]{H_2SO_4} CH_2 = CH_2 + H_2O$$

$$2HBr + H_2SO_4 \longrightarrow Br_2 + SO_2 + 2H_2O$$

$$SO_2 + H_2O \longrightarrow H_2SO_3$$

2. 液体有机化合物的分离、提纯——萃取和洗涤

溴乙烷为液体有机化合物。液体有机化合物的分离、提纯除了采用常压蒸馏、分馏、减压蒸馏、水蒸气蒸馏等方式外,最常用的操作是采用溶剂对其进行萃取或洗涤。萃取和洗涤的原理是一致的,即利用物质在不同溶剂中的溶解度差异来进行分离;只是两者目的不同,萃取或提取是将混合物中所需要的物质溶解到溶剂中,而洗涤是将不需要的物质溶解到溶剂中。

通常用分液漏斗[见图1-4(a)]进行液-液萃取,操作步骤包括检漏、加液、振荡、静置、分液、洗涤。本实验及后续液体有机化合物的分离、提纯,如乙酸乙酯、乙醚和正丁醚等的制备,也会采用本方法。

(1)检漏。在使用前应先将分液漏斗旋塞取出,涂上凡士林,但不可太多,以免堵塞流液孔。将旋塞插入塞槽内转动使油膜均匀透明,且转动自如。然后关闭旋塞,往漏斗内加水,检查分液漏斗的盖子和旋塞是否严密,以防分液漏斗在实验过程中发生泄漏而造成损失。

(2)加液、振荡、静置。在萃取或洗涤时,先将液体与萃取用溶剂(或洗液)由分液漏斗上口倒入,盖好盖子,振荡漏斗,使两液层充分接触。振荡时先把分液漏斗倾斜,使漏斗的上口略朝下,如图3-2所示,右手捏住漏斗上口颈部,并用食指根部压紧盖子,以免盖子松开,左手握住旋塞,握持旋塞的方式既要能防止振荡时旋塞转动或脱落,又要便于灵活地旋开旋塞。振荡后,使漏斗仍保持倾斜状态,旋开旋塞,放出蒸气或产生的气体,使内外压力平衡;若漏斗内盛有易挥发的溶剂,如乙醚、苯等,或用碳酸钠溶液中和酸液,振荡后,更应注意及时旋开旋塞,放出气体。振荡数次以后,将分液漏斗放在分液漏斗架上,静置,使乳浊液分层。有时有机溶剂和某些物质的溶液一起振荡,会形成较稳定的乳浊液,在这种情况下,应该避免急剧地振荡。如果已形成乳浊液,且一时又不易分层,则可加入食盐等电解质使溶液饱和,以降低乳浊液的稳定性;轻轻地旋转漏斗,也可使其加速分层。在一般情况下,长时间静置分液漏斗,可达到使乳浊液分层的目的。分液漏斗中的液体分成清晰的两层以后,就可以进行分液。

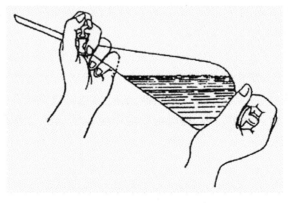

图3-2 分流漏斗的使用

(3)分液。分离液层时,下层液体应经旋塞放出,上层液体应从上口倒出。如果上层液体也经旋塞放出,则漏斗旋塞下面颈部所附着的残液就会把上层液体弄脏。先把顶上的盖子打开(或旋转盖子,使盖子上的凹缝或小孔对准漏斗上口颈部的小孔,以便与大气相通),把分液漏斗的下端靠在接收器的壁上。旋开旋塞让液体流下,当液面间的界限接近旋塞时关闭旋塞,静置片刻,这时下层液体往往会增多一些。再把下层液体仔细地放出,然后把剩下的上层液体从上口倒入另一个容器里。

在萃取或洗涤时,上、下两层液体都应该保留到实验完毕时。否则,如果中间的操作发生错误,便无法补救和检查。分液漏斗使用完毕后,应洗净,并将塞子和旋塞分别用纸条衬好并塞好,以防黏结。

(三)实验仪器和试剂

1. 实验仪器

表3-3为实验所需主要仪器及设备。

表3-3 实验所需主要仪器及设备

仪器名称	规格	单位	数量
圆底烧瓶	100 mL	个	1
75°弯管		个	1
空心玻璃塞		个	1
尾接管		个	1
真空接引管		个	1
圆底烧瓶	50 mL	个	1
蒸馏头		个	1
温度计	110 ℃	支	1
温度计套管	14 口	个	1
冷凝管	300 mm	支	1
锥形瓶	250 mL	个	1
锥形瓶	100 mL	个	1
锥形瓶	50 mL	个	1
分液漏斗	250 mL	个	1
分液漏斗架		个	1
量筒	25 mL	个	1
铁架台		个	1
恒温磁力搅拌电加热套	500 mL	台	1
结晶皿		个	1
升降台		个	1
研钵		个	4(共用)
电子天平	0～2 000 g	台	2(共用)

2. 实验试剂

表 3-4 为实验所需试剂。

表 3-4　实验所需试剂

试剂名称	级别	用量
溴化钠	A.R.	13 g
98%浓硫酸	A.R.	19 mL
95%乙醇	A.R.	10 mL
蒸馏水	自制	9 mL
饱和亚硫酸氢钠溶液	自制	5 mL

3. 实验装置

实验装置为溴乙烷合成及蒸馏装置(见图 3-3)。

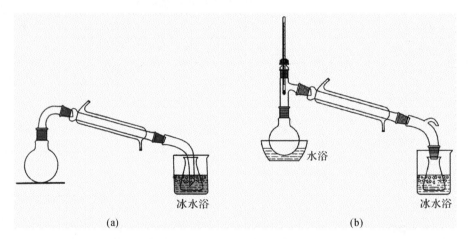

图 3-3　溴乙烷合成及蒸馏装置
(a)合成装置;(b)蒸馏装置

(四)实验内容

洗涤 100 mL 圆底烧瓶和 250 mL 锥形瓶,分别作为反应瓶和反应接收瓶。

在 100 mL 圆底烧瓶中依次加入 10 mL 95%乙醇和 9 mL 水,然后将烧瓶置于冰水浴中冷却,缓慢加入 19 mL 浓硫酸,边加边振荡,防止局部过热。待反应瓶冷却至室温时,再加入 13 g 研细的溴化钠,少量多次加入并振荡反应瓶,防止产生烟雾及结块。加料后用软纸擦净反应瓶口,并加入搅拌子。

按装置图从反应瓶一端开始安装溴乙烷反应装置。固定反应瓶,依次连接 75°弯管、冷凝管及尾接管。在接收瓶中加入冷水及 5 mL 饱和亚硫酸氢钠溶液,置于冰水浴中冷却,并使尾接管末端刚好浸没在接收瓶水溶液中。检查冷却水上、下水及连接处,无误后通冷却水,确认并开始加热。

设定电加热套温度为 90 ℃,调节温度,勿使黄色泡沫冲到弯管口。反应过程中,溴化钠逐渐溶解,反应液中有泡沫产生,反应液由黄色逐渐变得澄清透明。接收瓶中有乳油珠状物馏出。当无乳油珠状物滴入接收瓶水面时,先移开接收瓶,再停止加热。拆卸仪器,将反应瓶中残液趁热倒入废液桶。

倒掉接收瓶中部分水后,将粗产品倒入分液漏斗中,分出下层粗产品于干燥的 50 mL 锥形瓶中。将锥形瓶浸于冰水浴中冷却,逐滴加入浓硫酸,同时振荡,直到溴乙烷变得澄清透明,再倒入分液漏斗中进行二次分液。仔细分去下层的硫酸层(倒入废液桶),将上层溴乙烷从分液漏斗上口转入 50 mL 圆底烧瓶中,并加入一粒搅拌子。

安装蒸馏装置,接收瓶置于冰水浴中冷却。连接无误后开始蒸馏,设定电加热套温度为 50 ℃,收集溴乙烷。称重并计算产率。

最后,将产物溴乙烷倒入回收瓶。拆卸、清洗仪器,并将仪器放回原位。

实验注意事项如下:

(1)制备溴乙烷及进行蒸馏时,接收瓶均需置于冰水浴中冷却。

(2)加热不均或过烈时,会有少量的溴分解出来,使蒸出的油层带棕黄色。加饱和亚硫酸氢钠溶液可除去此棕黄色。

(3)反应过程中应密切注意防止接收瓶中的液体发生倒吸而进入冷凝管。一旦发生倒吸,应暂时将接收瓶放低,使尾接管末端露出液面。反应结束时,先移开接收瓶再停止加热。

(4)反应过程中,固体全部消失后,反应液变得黏稠,然后变成透明液体,此时反应接近终点。趁热将反应瓶中残液倒入废液桶,以免硫酸氢钠冷却后结块,不易倒出。

(5)分液漏斗使用前先用水检漏。使用过程中,振荡后,旋开旋塞,放出蒸气或产生的气体,使内外压力平衡;特别是分离易挥发的溶剂,如乙醚、苯等,更应注意及时旋开旋塞,放出气体。使用完毕后,将分液漏斗冲洗干净,防止旋塞黏结。

(6)实验过程采用两次分液,第一次保留下层液体,第二次保留上层液体。分离液层时,下层液体应经旋塞放出,上层液体应从上口倒出。

(五)实验记录与处理

(1)详细记录实验过程,包括具体的实验步骤的操作时间、操作内容、加入试剂的量、实验观察到的现象等。

(2)根据反应方程式及所使用试剂的量计算理论产量,称量所得产物的质量,计算产率。

(六)实验思考题

(1)在制备溴乙烷时,反应混合物中加入水的作用是什么?

(2)粗产物中可能有什么杂质,是如何除去的?

实验十一　乙醚的制备

(一)实验目的

(1)了解醇的脱水反应与温度的关系;

(2)掌握低沸点易燃液体的常压蒸馏及滴液漏斗的使用。

(二)实验原理

乙醚通常由两分子乙醇在浓硫酸作催化剂下发生分子间脱水制得。浓硫酸不仅作为脱水剂,而且还可以吸收反应生成的水,起干燥剂的作用。反应过程中,乙醇先同等物质的量的硫酸反应,生成硫酸氢乙酯,后者再同乙醇反应,生成乙醚。生成的乙醚不断地从反应体系中蒸馏出去。但乙醇在较高温度下,在浓硫酸催化作用下,发生分子内脱水生成乙烯,或被浓硫酸氧化。为了减少副反应的发生,必须控制好反应温度。

主反应:

$$C_2H_5OH + H2SO_4 \longrightarrow C_2H_5-O-SO_2-OH + H_2O$$

$$C_2H_5-O-SO_2-OH + C_2H_5OH \xrightarrow{140\ ℃} C_2H_5OC_2H_5 + H_2SO_4$$

副反应:

$$C_2H_5-C-SO_2-OH \xrightarrow{170\ ℃} CH_2=CH_2\uparrow + H_2SO_4$$

$$C_2H_5OH + H_2SO_4 \longrightarrow CH_3COO + SO_2\uparrow + 2H_2O$$

$$\begin{array}{l} \Big| H_2SO_4 \\ \longrightarrow CH_3COOH + SO_2\uparrow + H_2O \end{array}$$

$$SO_2 + H_2O \longrightarrow H_2SO_3$$

(三)实验仪器和试剂

1. 实验仪器

表 3-5 为实验所需主要仪器及设备。

表 3-5　实验所需仪器及设备

仪器名称	规格	单位	数量
三口烧瓶	250 mL	个	1
分馏柱		个	1
滴液漏斗	60 mL	个	1
温度计(带玻璃套管)	250 ℃	支	1
空心玻璃塞		个	1
真空接引管		个	1
圆底烧瓶	50 mL	个	1
蒸馏头		个	1
温度计	110 ℃	支	1
冷凝管	300 mm	个	1
锥形瓶	100 mL	个	2
锥形瓶	50 mL	个	1

仪器名称	规格	单位	数量
分液漏斗	250 mL	个	1
量筒	100 mL	个	1
抽滤三角漏斗	60 mL	个	1
药匙		把	1
铁架台		个	1
电加热套		台	1
水浴锅		个	1
升降台		个	1

2. 实验试剂

表 3-6 为实验所需试剂。

表 3-6　实验所需试剂

试剂名称	级别	用量
浓硫酸	A. R.	10 mL
无水乙醇	A. R.	10 mL＋20 mL
5％氢氧化钠溶液	自制	＜10 mL
饱和氯化钠溶液	自制	＜10 mL
饱和氯化钙溶液	自制	＜10 mL
无水氯化钙	A. R.	1～2 g

3. 实验装置

乙醚滴加反应装置如图 3-4 所示。

(四)实验内容

洗涤并烘干 150 mL 三口烧瓶作反应瓶,100 mL 锥形瓶作为接收瓶。滴液漏斗使用前应在旋塞处涂抹少量凡士林并检漏,然后用少量乙醇润洗。

在三口烧瓶中加入 10 mL 无水乙醇,然后置于冰水浴中冷却,缓慢加入 10 mL 浓硫酸,边加边振荡,并加入少量沸石。将烧瓶外表面水擦干,固定三口烧瓶。在滴液漏斗中加入 20 mL 无水乙醇。将滴液漏斗和温度计分别安装在烧瓶两侧口,且滴液漏斗下端和温度计水银球应浸入液面以下,水银球避开滴液漏斗出口。在中间口安装分馏柱,依次安装玻璃塞、冷凝管、尾接管和接收瓶,并将接收瓶置于冰水浴中冷却。检查装置气密性,通冷却水。

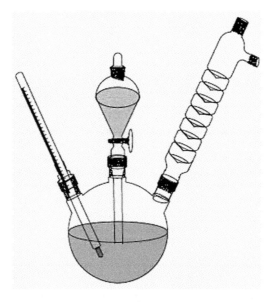

图 3-4 乙醚滴加反应装置

开始加热,设定电加热套温度为 140 ℃,使反应液迅速升温至 140 ℃。开始滴加乙醇,控制滴加速度与馏出液速度大致相等(约每秒 1 滴),调节电加热套温度和滴液速度,控制反应温度在 135～140 ℃之间。乙醇滴加完毕后,关闭活塞,继续加热 10 min 使温度升到 160 ℃,停止反应。加热过程中准备好分液漏斗,洗净烘干 50 mL 圆底烧瓶及 100 mL 锥形瓶,并将锥形瓶称重。

将粗产品倒入分液漏斗,依次用等体积(≤10 mL)5% NaOH 溶液、饱和 NaCl 溶液、饱和 CaCl₂溶液洗涤并分液(均保留上层液)。将粗产品从分液漏斗上口倒出至 50 mL 锥形瓶中,加入 1～2 g 无水 CaCl₂干燥。拆卸粗产品装置,将反应残液倒入废液桶中(从侧口倒,切勿倒入水池)。

将干燥后的粗产品过滤后转移至 50 mL 圆底烧瓶中,加入少量沸石进行蒸馏,收集馏分。称重并计算产率。将最终产物乙醚倒入回收瓶,拆卸并清洗仪器。

实验注意事项如下:

(1)在实验室使用或蒸馏乙醚时,实验台附近严禁有明火。因为乙醚极易挥发且易燃,与空气混合至一定比例时即发生爆炸。蒸馏久存的乙醚时,应先检验是否含过氧化物。在保存期间乙醚与空气接触和受光照射的影响可能产生二乙基过氧化物(C₂H₅OOC₂H₅),其受热易发生爆炸。

(2)滴液漏斗与分液漏斗使用前在盖子及旋塞处涂抹少量的凡士林,并检漏。

(3)反应过程中,控制乙醇滴加速度与馏出液流出速度相等,约每秒 1 滴。滴液漏斗如发生倒吸时可适当调快滴速。

(4)无水 CaCl₂干燥后,切勿将 CaCl₂倒入蒸馏瓶。

(五)实验记录与处理

(1)详细记录实验过程,包括具体的实验步骤的操作时间、操作内容、加入试剂的量、实验观察到的现象等。

(2)根据反应式及所使用试剂的量计算理论产量,称量所得产物的质量,计算产率。

(六)实验思考题

(1)用乙醇和浓硫酸制备乙醚时,反应温度过高或过低对反应有什么影响?

(2)制备乙醚时,为何要控制乙醇的滴加速度? 滴加速度为多少比较合适?

(3)乙醚粗产物中有哪些杂质? 怎样除去这些杂质? 饱和氯化钠水溶液的作用是什么?

实验十二 正丁醚的制备

(一)实验目的

(1)掌握醇脱水制醚的反应原理和实验方法;

(2)学习分水器的使用操作;

(3)了解共沸原理及应用。

(二)实验原理

1. 正丁醚的制备原理

醇分子间脱水生成醚是制备简单醚的常用方法。用硫酸作催化剂,在不同温度下正丁醇和硫酸作用生成不同的产物——正丁醚或丁烯,因此反应过程中需严格控制反应温度。

主反应:

$$2CH_3CH_2CH_2CH_2OH \underset{134\sim135\ ℃}{\overset{H_2SO_4}{\rightleftharpoons}} (CH_3CH_2CH_2CH_2)_2O + H_2O$$

副反应:

$$CH_3CH_2CH_2CH_2OH \underset{>135\ ℃}{\overset{H_2SO_4}{\rightleftharpoons}} CH_3CH_2CH=CH_2 + H_2O$$

$$CH_3CH_2CH_2CH_2OH \overset{H_2SO_4}{\underset{[O]}{\longrightarrow}} CH_3CH_2CH_2CHO \overset{H_2SO_4}{\underset{[O]}{\longrightarrow}} CH_3CH_2CH_2COOH$$

反应机理:

$$CH_3CH_2CH_2CH_2{-}OH + H^+ \rightleftharpoons CH_3CH_2CH_2CH_2{-}\overset{+}{O}H_2 \xrightarrow[-H_2O]{CH_3CH_2CH_2CH_2{-}\overset{..}{O}H}$$

$$CH_3CH_2CH_2CH_2{-}\underset{\underset{H}{|}}{\overset{+}{O}}{-}CH_2CH_2CH_3 \rightleftharpoons CH_3CH_2CH_2CH_2{-}O{-}CH_2CH_2CH_2CH_2 + H^+$$

2. 共沸混合物的蒸馏

实验反应过程中,反应物正丁醇、反应产物正丁醚及副产物水会形成共沸混合物,为了提高反应效率,本实验利用共沸混合物蒸馏的原理和回流分水反应装置将反应生成的水不断从反应物中除去。

共沸,也称恒沸,是指两组分或多组分的液体混合物以特定比例组成时,在恒定压力下沸腾,其蒸气组成比例与液体部分相同的现象。沸腾对应的温度称为共沸温度或共沸点。此时沸腾产生的蒸气与液体本身有着完全相同的组成。共沸物是不可能通过常规的蒸馏或分馏手段加以分离的。任一共沸物都是针对某一特定外压而言。对于不同压力,其共沸组分和沸点都将有所不同。实践证明,沸点相差大于 30 ℃的两个组分很难形成共沸物(如水与丙酮就不会形成共沸物)。在共沸物达到其共沸点时,由于其沸腾所产生的气体部分的成分比例与液体部分完全相同,因此无法以单纯的蒸馏或分馏的方式将共沸物的组成物进行分离。

实验过程中,正丁醇、正丁醚和水可能生成的几种共沸混合物见表 3-7.

表 3-7 共沸反应物的组成及沸点

共沸混合物		共沸点/ ℃	组成的质量分数/%		
			正丁醚	正丁醇	水
二元	正丁醇-水	93.0	—	54.5	45.5
	正丁醚-水	94.1	66.6	—	33.4
	正丁醇-正丁醚	117.6	17.5	82.5	—
三元	正丁醇-正丁醚-水	90.6	35.5	34.6	29.9

加热过程中,共沸混合物蒸气上升、冷凝后回流至分水器[见图 1-5(k)]中,根据密度分层原理,上层有机相主要是正丁醚与正丁醇,下层为水相,因而可将反应生成的水分离出去,又可使上层有机物流回反应瓶中,使可逆反应向正反应方向进行。回流分水反应装置见图 3-5。

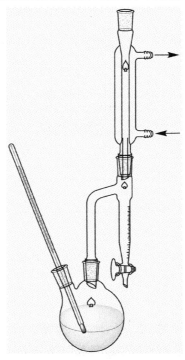

图 3-5 回流分水反应装置

分水器使用时,先将分水器内加满蒸馏水(或饱和氯化钠溶液,降低正丁醇和正丁醚在水中的溶解度)后,再从下口分出一定的水量,该水量应稍大于理论生成的水量。根据反应方程式计算,本实验理论生成水量约 3.0 g(即 3.0 mL),考虑到有单分子脱水的副产物生成,实际分出的水量应大于理论计算量,故以分出 3～4 mL 水为宜。

(三)实验仪器和试剂

1. 实验仪器

表 3-8 为实验所需主要仪器及设备。

表 3-8　实验所需主要仪器及设备

仪器名称	规格	单位	数量
二口烧瓶	100 mL	个	1
长温度计(带 19 口套管)	200 ℃	支	1
分水器	24 口	个	1
直形冷凝管	200 mm	个	1
直形冷凝管	300 mm	个	1
玻璃塞	24 口	个	1
圆底烧瓶	50 mL	个	1
蒸馏头		个	1
温度计(带 14 口套管)	200 ℃	支	1
真空接引管		个	1
量筒	100 mL	个	1
量筒	25 mL	个	1
量筒	10 mL	个	1
分液漏斗	250 mL	个	1
锥形瓶	50 mL	个	1
锥形瓶	100 mL	个	1
锥形瓶	150 mL	个	1
玻璃棒		根	1
药匙		个	1
电加热套		台	1
水浴锅		个	1

2. 实验试剂

表 3-9 为实验所需试剂。

表 3 - 9　实验所需试剂

试剂名称	级别	用量
正丁醇	A. R.	31 mL(25 g,0.34 mol)
浓硫酸	A. R.	5 mL
50%浓硫酸	自制	
无水氯化钙	A. R.	
蒸馏水	自制	

3. 实验装置

回流分水反应装置如图 3-5 所示。

(四)实验内容

在 100 mL 二口烧瓶中加入 31 mL(25 g)的正丁醇,边摇边滴加 5 mL 浓硫酸,充分摇匀,然后加入一粒搅拌子。在分水器中加满水,然后从旋塞处放出 3~4 mL 水(水的量等于分水器的总容量减去反应完全时可能生成的水量)。按图 3-5 中的反应装置依次安装 100 mL 二口烧瓶、分水器、200 mm 冷凝管和温度计。

开始加热,设定温度为 120 ℃,使瓶内液体微沸,开始回流;当馏出液在分水器中全部被充满时,水层不再变化,控制反应瓶内温度在 135 ℃左右。当温度继续升高到 145 ℃时,停止加热。此时应迅速撤去电加热套,防止反应瓶内混合物烧焦。

待反应液冷却后,拆下分水器,将反应混合物同分水器中的水一同倒入盛有 50 mL 水的分液漏斗中,静置分层,保留上层正丁醚粗品。用 2 份 15 mL 50% H_2SO_4 洗涤粗品 2 次,再用 20 mL 蒸馏水洗涤,分去水层。将粗产物从漏斗上口倒入洁净干燥的 50 mL 锥形瓶中,然后用 1.0~2.0 g 无水 $CaCl_2$ 干燥 15 min。

将干燥后的粗品转移至 50 mL 圆底烧瓶中(切勿把 $CaCl_2$ 倒入烧瓶中),加入搅拌子,进行蒸馏,收集 140~144 ℃的馏分。称重,计算产率。

实验注意事项如下:

(1)加入浓硫酸时需充分摇动,否则局部硫酸过浓,加热后易使反应溶液变黑。

(2)必须缓慢加热,并控制反应体系温度在 135 ℃左右。

(3)反应开始回流时,因为有恒沸物的存在,温度不可能马上到 135 ℃。但随着水被蒸出,温度逐渐升高,当温度到 145 ℃时,应立即停止加热。如果温度升得太高,反应溶液会炭化变黑,并有大量副产物丁烯生成。

(4)采用质量分数为 50%的 H_2SO_4 洗涤粗产物,由于丁醇能溶于 50%的 H_2SO_4 而正丁醚溶解很少,故可除去正丁醇。

(五)实验记录与处理

(1)详细记录实验过程,包括具体的实验步骤的操作时间、操作内容、加入试剂的量、实验观察到的现象等。

（2）根据反应式及所使用试剂的量计算理论产量,称量所得产物的质量,计算产率。

（六）实验思考题

（1）使用分水器的目的是什么？

（2）制备正丁醚时,理论分水量是多少？实际分水量与理论值相对比如何？为什么？

（3）反应结束后为什么要将混合物倒入 50 mL 水中？各步洗涤的目的是什么？

实验十三　环己酮的制备

（一）实验目的

（1）学习用次氯酸氧化法制备环己酮的原理和方法；

（2）进一步了解醇与酮之间的联系与区别；

（3）掌握减压过滤操作。

（二）实验原理

1. 环己酮的制备原理

一级醇及二级醇在氧化剂的作用下,被氧化生成醛、酮或羧酸。一级醇与一般氧化剂作用,反应均不能停留在醛的阶段,而是继续反应最终产生羧酸。但是在费兹纳(Pfitzner)及莫发特(Moffatt)试剂的作用下,可以得到产率非常高的醛；这个试剂由二甲基亚砜和二环己基碳二亚胺组成,简称 DCC。二级醇被氧化可以停留在酮的阶段,如继续反应(或反应条件剧烈时)可以断键生成羧酸,例如,环己醇可以被氧化成环己酮,也可以被氧化成己二酸。

实验室内常采用环己醇氧化法制备环己酮,一是次氯酸氧化法,二是铬酸氧化法。次氯酸氧化法,即采用次氯酸钠在乙酸存在下氧化环己醇制备环己酮,其中乙酸提供酸性环境,提高次氯酸钠的氧化性,反应方程式如下：

$$\text{〈}\rangle\text{—OH} + \text{NaClO} \xrightarrow{\text{CH}_3\text{COOH}} \text{〈}\rangle\text{=O} + \text{H}_2\text{O} + \text{NaCl}$$

铬酸氧化法反应方程式如下：

$$3\text{〈}\rangle\text{—OH} + \text{Na}_2\text{Cr}_2\text{O}_7 + 4\text{H}_2\text{SO}_4 \longrightarrow 3\text{〈}\rangle\text{=O} + \text{Cr}_2(\text{SO}_4)_3 + \text{Na}_2\text{SO}_4 + 7\text{H}_2\text{O}$$

由于 Cr^{6+} 具有一定的毒性,为减少实验危险化学品的使用及危险废弃物的产生,本实验采用次氯酸氧化法制备环己酮。

2. 滴加回流反应装置

次氯酸氧化环己醇的反应为放热反应,应严格控制反应温度。本实验采用滴加回流反应装置(见图 3-6)及冷水浴,调节次氯酸钠溶液的滴加速度至每秒 1~2 滴为宜,控制反应温度不超过 35 ℃。反应装置如图 3-6 所示,由三口烧瓶、恒压滴液漏斗、回流冷凝管和温度计组成。恒压滴液漏斗[见图 1-4(c)]除滴加次氯酸钠溶液外,还可防止反应过程中产生的氯气挥发到空气中。

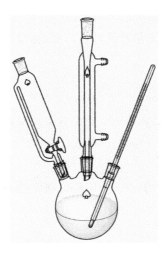

图 3-6　滴加回流反应装置

(三)实验仪器和试剂

1. 实验仪器

表 3-10 为实验所需主要仪器及设备。

表 3-10　实验所需仪器及设备

仪器名称	规格	单位	数量
三口烧瓶	250 mL	个	1
温度计(带套管)	100 ℃	支	1
恒压滴液漏斗	100 mL	支	1
冷凝管	300 mm	个	1
空心玻璃塞	24 口	个	2
蒸馏头		个	1
真空尾接管		个	1
磨口锥形瓶	100 mL	个	2
分液漏斗	150 mL	个	1
量筒	10 mL	个	1
量筒	25 mL	个	1
量筒	100 mL	个	1
烧杯	50 mL	个	1
蒸发皿		个	1
三角抽滤漏斗		个	1

续表

仪器名称	规格	单位	数量
磁力搅拌器		台	1
电加热套		台	1
搅拌子		个	1
电子天平		台	2(公用)
循环水泵		台	9(公用)

2. 实验试剂

表 3 - 11 为实验所需试剂。

表 3 - 11　实验所需试剂

试剂名称	级别	用量
环己醇	A. R.	5.2 mL
次氯酸钠溶液	A. R. ,有效氯含量大于 5.5%	50 mL
冰醋酸	A. R.	25 mL
饱和亚硫酸氢钠溶液	自制	
蒸馏水	自制	30 g
无水碳酸钠	A. R.	约 7 g
氯化钠	A. R.	4～4.5 g
无水硫酸镁	A. R.	约 0.5 g
沸石		几颗
淀粉-碘化钾溶液	淀粉 0.2%,KI 0.1 mol/L	

3. 实验装置

滴加回流反应装置如图 3-6 所示。

(四)实验内容

在 250 mL 三口烧瓶中依次加入 5.2 mL 环己醇和 12.5 mL 冰醋酸,并加入一粒搅拌子,固定三口烧瓶,并置于冷水浴中冷却。在三口烧瓶左支管口安装恒压滴液漏斗,中间安装冷凝管并用夹子固定,右侧安装温度计,并使温度计水银球浸入液面以下。

开动磁力搅拌器,在冷水浴冷却下,将 50 mL NaClO 溶液通过滴液漏斗逐滴加入反应瓶中,控制滴加速度为每秒 1～2 滴,反应混合物呈黄绿色。滴加完毕后继续搅拌 5 min,用滴管吸取少许反应液滴入淀粉-碘化钾溶液中检验是否变蓝。如果变蓝表明有过量的 NaClO 存在;否则再继续补加 NaClO 溶液 20 mL,然后再进行检验,直至淀粉-碘化钾溶液呈蓝色。最后再继续补加 5 mL NaClO 溶液使之过量,保证氧化反应完全。

在室温下继续搅拌 30 min,滴加饱和 NaHSO₃ 溶液直至反应液对淀粉-碘化钾溶液不变蓝,此时 NaClO 被完全除去。

加入 30 mL 蒸馏水至反应烧瓶中,并将装置改为蒸馏装置(三口烧瓶两侧支管口安装玻璃塞,中间支管口安装蒸馏头和温度计)。加热蒸馏收集 100 ℃ 以前的馏分。

分批向馏出液中加入无水 Na₂CO₃(先加入无水 Na₂CO₃ 4 g),直至无气体产生为止(或 pH 试纸检测为中性),然后加入 NaCl 使之变成饱和溶液。将混合液倒入分液漏斗中,分出上层有机层至锥形瓶中;再用约 0.5 g 无水 MgSO₄ 干燥 15 min。用三角抽滤漏斗抽滤干燥后的生成液至称重后的 100 mL 锥形瓶中,称重并计算产率。

将生成液抽滤至 50 mL 圆底烧瓶中,加入搅拌子进行蒸馏,收集 150~155 ℃ 馏分,得到精制的环己酮。

实验注意事项如下:

(1)转移次氯酸钠溶液应在通风橱内进行。

(2)加入水蒸馏实际上是简化了的水蒸气蒸馏(详见本书实验十六微波辅助法合成肉桂酸),环己酮与水形成共沸物,其沸点为 95 ℃,蒸馏出来的主要是环己酮(38.4%)、水(61.6%)和少量乙酸。

(3)加入氯化钠使溶液饱和是为了降低环己酮在水中的溶解度,并有利于分层。但蒸出的水不宜加过多,即形成的饱和溶液不能过多,否则会降低环己酮的产率。

(五)实验记录与处理

(1)详细记录实验过程,包括具体的实验步骤的操作时间、操作内容、加入试剂的量、实验观察到的现象等。

(2)根据反应式及所使用试剂的量计算理论产量,称量所得产物的质量,计算产率。

(六)实验思考题

(1)制备环己酮还有什么方法?与铬酸氧化法和高锰酸钾氧化法相比,次氯酸钠氧化法有何优点?

(2)总结和分析操作过程中的注意事项及操作要点,并分析其对产率的影响。

实验十四　乙酸乙酯的制备

(一)实验目的

(1)熟悉酯化反应原理及进行的条件,掌握乙酸乙酯的制备原理和方法;
(2)掌握液体有机化合物的精制方法。

(二)实验原理

1. 乙酸乙酯的制备原理

羧酸酯通常由羧酸与伯醇在少量酸性催化剂,如浓硫酸、干燥的氯化氢气体、磺酸、阳离子交换树脂等存在下脱水制得。酸性催化剂的作用是使羧基质子化从而提高羧基的反应活性。

酯化反应为可逆反应,为了使反应平衡向右移动,可以加入过量的醇或酸,也可以把生成的酯或水及时地蒸出去,或两种方法并用。本实验制备乙酸乙酯时,加入过量的乙醇,并将反应得到的乙酸乙酯及时蒸出。实验过程中控制好反应温度、原料的滴加速度和产物的蒸出速度,使反应进行比较完全。

主反应:

$$CH_3COOH + CH_3CH_2OH \underset{120 \sim 125\ ℃}{\overset{H_2SO_4}{\rightleftharpoons}} CH_3COOCH_2CH_3 + H_2O$$

主要的副反应:

$$2CH_3CH_2OH \underset{140\ ℃}{\overset{H_2SO_4}{\rightleftharpoons}} CH_3CH_2OCH_2CH_3 + H_2O$$

$$CH_3CH_2OH \underset{170\ ℃}{\overset{H_2SO_4}{\rightleftharpoons}} CH_2{=}CH_2 + H_2O$$

$$CH_3CH_2OH \underset{[O]}{\overset{H_2SO_4}{\rightleftharpoons}} CH_3CHO \underset{[O]}{\overset{H_2SO_4}{\rightleftharpoons}} CH_3COOH$$

2. 滴加回流反应装置

本实验采用滴加蒸出反应装置,如图 3-7 所示,边滴加反应混合液,边蒸出反应产物乙酸乙酯和水,促进反应向正反应方向进行。滴加蒸出反应装置(见图 3-7)包含 150 mL 三口烧瓶、60 mL 定制长颈滴液漏斗、200 ℃温度计、分馏柱及冷凝管等。定制长颈滴液漏斗与长颈滴液漏斗[见图 1-4(b)]的区别为,其下端为 J 型弯管,可使漏斗中的混合液(乙醇与乙酸的混合物)直接滴加到反应混合物中,避免在滴加过程中受热直接挥发。温度计监控反应液的温度,水银球需浸没到液面以下。

反应温度的控制是本实验的操作重点及难点。调节电加热套的加热温度及混合液的滴加速度(约等于馏出液的流出速度),使反应温度保持在 110 ~ 125 ℃ 之间。

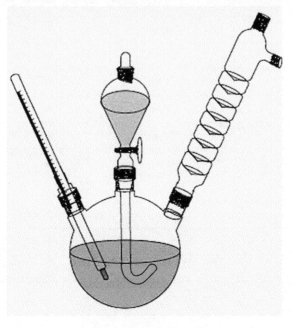

图 3-7　滴加蒸出反应装置

（三）实验仪器和试剂

1. 实验仪器

表 3-12 为实验所需主要仪器及设备。

表 3-12　实验所需主要仪器及设备

仪器名称	规格	单位	数量
三口烧瓶	150 mL	个	1
温度计（带套管）	250 ℃	支	1
分馏柱	200 mm	个	1
玻璃塞	14 口	个	1
滴液漏斗	60 mL	个	1
冷凝管	300 mm	个	1
真空接引管		个	1
磨口锥形瓶	100 mL	个	2
圆底烧瓶	50 mL	个	1
温度计	100 ℃	个	1
蒸馏头		个	1
锥形瓶	150 mL	个	1
锥形瓶	50 mL	个	1
分液漏斗	250 mL	个	1
量筒	10 mL	个	1
量筒	25 mL	个	1
量筒	100 mL	个	1
三角抽滤漏斗	60 mL	个	1
玻璃棒		根	1
药匙		个	1
电加热套		台	1
水浴锅		个	1
循环水真空泵		台	1

2. 实验试剂

表 3-13 为实验所需试剂。

表 3 - 13　实验所需试剂

试剂名称	级别	用量
冰醋酸	A. R.	14.3 mL
浓硫酸	A. R.	3 mL
无水乙醇	A. R.	3 mL＋20 mL
饱和碳酸钠溶液		
饱和氯化钠溶液		
饱和氯化钙溶液		
无水硫酸镁	A. R.	3～5 g
沸石		
pH 试纸		

3.实验装置

滴加蒸出反应装置如图 3-5 所示。

(四)实验内容

清洗 150 mL 三口烧瓶及 100 mL 磨口锥形瓶,并对滴液漏斗进行检漏。

在 150 mL 三口烧瓶中加入 3 mL 无水乙醇,然后将其置于冰水浴中冷却,缓慢滴加 3 mL 浓硫酸,边加边振荡,使之混合均匀,再加入几粒沸石。将 14.3 mL 冰醋酸与 20 mL 无水乙醇 倒入滴液漏斗中混合均匀。安装反应装置,使滴液漏斗弯管末端及温度计水银球浸入液面以下。依次安装反应装置,并检查装置气密性,通冷却水。

开始加热,设置温度为 140 ℃。当反应液温度升至 110 ℃时,开始滴加冰醋酸与乙醇的混合液,调节滴加速度,保持滴加速度与馏出液速度大致相等,每秒 1～2 滴,60～90 min 加完。保持烧瓶内反应温度在 110～125 ℃之间。混合液滴加完毕后再继续加热 10 min,直至不再有液体馏出为止。

向馏出液中缓慢加入饱和 Na_2CO_3 溶液,每次 1～2 mL,并不断振荡,至无气泡放出为止,或用 pH 试纸检验呈中性。将其倾入分液漏斗,静置分层,保留上层有机相。然后用等体积饱和 NaCl 溶液洗涤,保留上层有机相。最后用等体积的饱和 $CaCl_2$ 洗涤酯层两次,继续保留上层有机相。从分液漏斗上口将乙酸乙酯倒入干燥的小锥形瓶内,加入 3～5 g 无水 $MgSO_4$ 干燥,充分振荡,然后静置 15 min。

将干燥的乙酸乙酯粗品抽滤到 50 mL 洁净的圆底烧瓶中,蒸馏,收集 74～80 ℃的馏分。称重并计算产率。

实验注意事项如下:

(1)不要加入过多的饱和 Na_2CO_3 溶液,避免与下一步的 $CaCl_2$ 反应。

(2)用饱和 NaCl 溶液洗涤除去酯层残留的 Na_2CO_3,因为酯在盐水中的溶解度比在水中的溶解度要小,可减少洗涤造成的损失。

（3）乙酸乙酯与乙醇、水会形成二元或三元共沸物，其组成和沸点见表 3 - 14。在蒸馏前应尽可能除去酯层中的水，否则在蒸馏时会形成乙酸乙酯-水、乙酸乙酯-乙醇或乙酸乙酯-乙醇-水的二元或三元共沸物，使其在 77 ℃之前蒸馏出来，造成主要产物乙酸乙酯的损失。

表 3 - 14　乙酸乙酯与乙醇、水形成二元或三元共沸物的组成及沸点

共沸混合物		共沸点/ ℃	组成/%		
			乙酸乙酯	乙醇	水
二元	乙酸乙酯-水	70.4	91.9	—	8.1
	乙酸乙酯-乙醇	71.8	69.0	—	31.0
三元	乙酸乙酯-乙醇-水	70.2	82.6	8.4	9.0

（五）实验记录与处理

（1）详细记录实验过程，包括具体的实验步骤的操作时间、操作内容、加入试剂的量、实验观察到的现象等。

（2）根据反应式及所使用试剂的量计算理论产量，称量所得产物的质量，计算产率。

（六）实验思考题

（1）本实验中硫酸起什么作用？
（2）蒸出的乙酸乙酯粗品中主要有哪些杂质？ 如何除去？
（3）能否用浓氢氧化钠溶液代替饱和碳酸钠溶液来洗涤馏出液？
（4）为什么先用饱和氯化钠溶液洗涤？ 可以用水代替饱和氯化钠溶液吗？

实验十五　乙酰苯胺的制备

（一）实验目的

（1）了解芳胺的乙酰化反应和乙酰苯胺的合成方法。
（2）掌握有机化合物重结晶的基本操作。

（二）实验原理

1. 乙酰苯胺的制备原理

乙酰苯胺俗称"退热冰"，具有退热镇痛的作用，是较早使用的解热镇痛药。乙酰苯胺也是磺胺类药物合成的中间体。由于芳环上的氨基易氧化，在有机合成中为了保护氨基，往往先将其乙酰化生成乙酰苯胺，然后再进行其他的反应，最后水解除去乙酰基。

乙酰苯胺可由苯胺与乙酰化试剂作用制得，常用的乙酰化试剂有乙酰氯、醋酸酐和冰醋酸。反应式分别如下：

$$\text{C}_6\text{H}_5\text{NH}_2 + (\text{CH}_3\text{CO})_2\text{O} \xrightarrow{\triangle} \text{C}_6\text{H}_5\text{NHCOCH}_3 + \text{CH}_3\text{COOH}$$

$$\text{C}_6\text{H}_5\text{NH}_2 + \text{CH}_3\text{COOH} \underset{\triangle}{\overset{105\ ℃,\text{Zn}}{\rightleftharpoons}} \text{C}_6\text{H}_5\text{NHCOCH}_3 + \text{H}_2\text{O}$$

　　三种乙酰化试剂反应活性为乙酰氯＞醋酸酐＞醋酸。但乙酰氯和醋酸酐价格较高,而且乙酰氯作乙酰化试剂会与同等摩尔量的苯胺反应生成难以继续反应的苯胺盐,酸酐作乙酰化试剂会伴随着副产物二乙酰胺的生成。另外,醋酸酐为易制毒试剂,属于管控类药品,不易获得。因此,实验室用冰醋酸作乙酰化试剂,其价格低廉,适用于大规模的制备,但缺点是反应较慢、反应时间较长。

　　本实验由苯胺与冰醋酸共热来制备乙酰苯胺,其反应为可逆反应。其反应机理为

　　为了提高反应产率,可以通过加入过量的冰醋酸,同时利用分馏柱将反应中生成的水蒸出去而减少醋酸的挥发,达到提高产率的目的。实验装置如图 3 - 8 所示,反应过程中可用石棉布包裹分馏柱进行保温,减少热量损失,并使柱顶温度保持在 100～105 ℃之间。

图 3 - 8　乙酰苯胺合成装置

2. 固体有机化合物的分离、提纯——减压过滤和重结晶

减压过滤与普通过滤（即常压过滤）是分离液-固混合物最常用的方法，减压过滤也是重结晶操作中的基本操作步骤。

(1)减压过滤。

同常压过滤相比，减压过滤可以提高过滤和洗涤的速度，液体和固体分离得较完全，滤出的固体易干燥。减压过滤装置如图 3-9 所示，包括布氏漏斗、抽滤瓶及循环水真空泵。若采用油泵为抽气装置时，最好在抽滤瓶与油泵间连接吸收水气的干燥装置和缓冲瓶。

抽滤前，应先选择合适大小的滤纸，其直径应略小于漏斗内径，但能完全盖住所有的小孔。漏斗下端斜口应正对支管口。

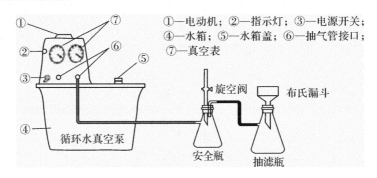

图 3-9　减压过滤装置

抽滤时，先用溶剂将滤纸润湿，然后开动循环水泵，使滤纸紧贴在漏斗上。将要过滤的混合物小心地倒入漏斗中，为加快过滤速度，可先倒入上层清液，再将固体均匀地分布在整个滤纸上，一直抽气直到几乎没有液体滤出为止。为了尽量把液体除尽，可用玻璃塞挤压滤饼。

为了除去残留的溶剂，可用蒸馏水或去离子水洗涤滤饼。将滤饼尽量抽干、压实、压平，拔掉抽气的橡胶管，恢复常压，把少量蒸馏水均匀地洒在滤饼上，使其恰好能盖住滤饼。静置片刻，待蒸馏水渗透滤饼并有滤液从漏斗下端滴出时，重新抽气，再把滤饼尽量抽干、压实。反复几次，就可把滤饼洗净。抽滤结束时，应先拔去抽气的橡胶管，然后关闭水泵。

(2)重结晶。

有机化学反应合成的固体产物通常含有少量的杂质，除去这些杂质最有效的方法之一就是选择适当的溶剂进行重结晶。

重结晶的一般过程是使待重结晶的物质在较高的温度（接近溶剂沸点）下溶于合适的溶剂里，趁热过滤以除去不溶物质和有色杂质（加活性炭煮沸脱色），将滤液冷却，使晶体从过饱和溶液中析出，而可溶性杂质仍留在滤液里，然后进行减压过滤，把晶体从母液中分离出来，洗涤晶体以除去残留在晶体表面上的母液。

首先应选择合适的溶剂。应从被溶解物质的成分和结构出发，遵循相似相溶的原则进行溶剂选择。溶剂必须符合下列条件：

①不与重结晶的物质发生化学反应。

②在高温时，重结晶物质在溶剂中的溶解度较大，而在低温时则很小。

③杂质的溶解度或是很大（待重结晶物质析出时，杂质仍留在母液中）或是很小（待重结晶物质溶解在溶剂中，借过滤除去杂质）。

④容易和重结晶物质分离。

此外,还需适当考虑溶剂的毒性、易燃性、价格和溶剂回收等因素。

进行重结晶操作时先将待重结晶物质制成热饱和溶液。在锥形瓶或烧杯中加入待重结晶物质,先少量加入溶剂,边加热边搅拌,至溶剂沸腾,再逐渐添加溶剂(加入后继续加热煮沸),至固体完全溶解后,再多加 20% 左右(可避免热过滤时,晶体在漏斗上或漏斗颈中析出造成损失)。切不可再多加溶剂,否则冷却后析不出晶体或显著降低回收率。除高沸点溶剂外,一般选择水浴加热。不要忘记在加入可燃性溶剂时,要先将灯火移开,防止着火事故发生。

如溶液中存在有色杂质,一般可用活性炭脱色。待溶液稍冷后,加入活性炭,用量为固体的 1%～5%,然后煮沸 5～10 min。切不可在沸腾的溶液中加入活性炭,会有暴沸的危险。

趁热过滤除去不溶性的杂质,可采用保温漏斗过滤,或将布氏漏斗和抽滤瓶放在热水中充分预热后使用。先用少量热的溶剂润湿滤纸(以免干滤纸吸收溶液中的溶剂,使结晶析出而堵塞滤纸孔),再将溶液沿玻璃棒倒入。过滤时,漏斗上可盖表面皿(凹面向下),以减少溶剂挥发。

静置待晶体析出时,应使滤液慢慢冷却,这样得到的晶体比较纯净。待滤液冷却至室温后,将锥形瓶或烧瓶置于冰水浴中充分冷却,使晶体更完全地从母液中分离出来。如晶体不易析出,可用玻璃棒摩擦器壁或投入晶种(同一物质的晶体)促使晶体较快析出。

晶体全部析出后,仍用布氏漏斗减压过滤将晶体滤出。如在容器中残留有晶体,可用过滤后的母液冲洗,再将其倒入布氏漏斗中过滤。用有机溶剂作溶剂时,可将抽滤所得母液移至其他容器内,再作回收溶剂及处理纯度较低的产物。

将过滤得到的晶体置于滤纸、玻璃皿或培养皿中,室温下晾干或在干燥箱中干燥。

乙酰苯胺为固体有机化合物,其在水中的溶解度随温度变化较大,见表 3-15。因此,可用水作为重结晶溶剂进行分离提纯。

表 3-15 乙酰苯胺在不同温度下于 100 mL 水中的溶解度

温度/ ℃	20	25	50	80	100
溶解度/ g	0.46	0.56	0.84	3.5	5.2

(三)实验仪器和试剂

1. 实验仪器

表 3-16 为实验所需主要仪器及设备。

表 3-16 实验所需主要仪器及设备

仪器名称	规格	单位	数量
圆底烧瓶	100 mL	个	1
分馏柱	200 mm	个	1
温度计	250 ℃	支	1
真空接引管		个	1
梨形烧瓶	30 mL	个	1

续表

仪器名称	规格	单位	数量
布氏漏斗(带橡胶垫)	ϕ80 mm	个	1
烧杯	500 mL	个	2
抽滤瓶	500 mL	个	1
玻璃棒		根	1
量筒	100 mL	个	1
量筒	10 mL	个	1
量筒	25 mL	个	1
药匙		个	1
蒸馏水洗瓶	500 mL	个	1
石棉布		片	1
电加热套		台	1
循环水真空泵	长城 SHB-Ⅲ	台	9(共用)
定性滤纸	ϕ70 mm	片	3

2. 实验试剂

表 3-17 为实验所需试剂。

表 3-17　实验所需试剂

试剂名称	级别	用量
苯胺	A. R. ，新蒸馏	10 mL，0.11 mol
冰醋酸	A. R.	15 mL
锌粉	A. R.	0.2 g
活性炭		0.1～0.2 g
蒸馏水	自制	

3. 实验装置

实验装置包括乙酰苯胺合成装置(见图 3-8)和减压过滤装置(见图 3-9)。

(四)实验内容

1. 常量制备

清洗玻璃仪器,烘干 100 mL 圆底烧瓶,安装反应装置,并用石棉布包裹分馏柱以使水蒸气能够顺利蒸出。

在 100 mL 圆底烧瓶中依次加入 10 mL 苯胺、15 mL 冰乙酸及 0.2 g 锌粉。缓慢加热至沸腾，保持反应混合物微沸约 15 min，然后逐渐升温，控制温度在 105 ℃左右反应约 20 min。待生成的水（和少量的醋酸）完全蒸馏出，温度计读数开始发生上下波动或自行下降，或瓶内有白雾产生时，反应即达终点，停止加热。

烧杯盛 200 mL 冷水，不断搅拌下将反应液以细流方式倒入冷水中以防结块。继续剧烈搅拌，并冷却烧杯，使粗乙酰苯胺呈细粒状析出。减压过滤，并用 20 mL 冷水洗涤粗产品以除去残留的酸液。

以水为重结晶溶剂对乙酰苯胺进行重结晶。先用烧杯盛 150 mL 热水，将粗产品倒入，放在电加热套内加热至沸腾。如有未溶解的油珠，则补加热水，直到油珠完全溶解为止。关闭电加热套，待稍冷后加入 0.1～0.2 g 活性炭，继续煮沸 1～2 min。同时将抽滤瓶（加少量水）及布氏漏斗放入微波反应器中加热 1～2 min 进行充分预热。趁热过滤。注意：不要在漏斗和抽滤瓶中造成结晶；将滤液趁热倒入干净的烧杯中，静置冷却至室温，再继续用冰水浴冷却，乙酰苯胺呈无色片状晶体析出。减压过滤，将抽干水分的乙酰苯胺放在滤纸上室温晾干，得到乙酰苯胺精品，称重并计算产率。

样品留作熔点测定和红外光谱测定用。

2. 常量制备注意事项

(1)锌粉的作用是防止苯胺在反应过程中氧化。但必须注意，不能加得过多，否则在后处理中会出现不溶于水的氢氧化锌。新蒸馏的苯胺也可不加锌粉。

(2)当温度计的读数在较大范围内上下波动或温度自行下降，或烧瓶内出现白雾时，反应即达终点。可适当延长反应时间至 60 min。

(3)在加热煮沸时，会蒸发掉一部分水，需随时补加热水。本实验重结晶时水的用量最好为使溶液在 80 ℃左右保持饱和状态。

(4)重结晶的溶剂必须符合下列条件：

①不与重结晶的物质发生化学反应。

②在高温时，重结晶物质在溶剂中的溶解度较大，而在低温时则很小。

③杂质的溶解度或是很大（待重结晶物质析出时，杂质仍留在母液内）或是很小（待重结晶物质溶解在溶剂里，借过滤除去杂质）。

④容易和重结晶物质分离。

此外，也需适当地考虑溶剂的毒性、易燃性、价格和溶剂回收等因素。

(5)减压过滤时应注意：

①布氏漏斗下端斜口正对抽滤瓶支管。

②滤纸要比漏斗直径略小，但能盖住所有的小孔。

③过滤时，应先用溶剂把平铺在漏斗上的滤纸润湿，然后抽气使滤纸紧贴在漏斗上。

④为加快过滤速度，可先把清液倒入漏斗，后使固体均匀地分布在滤纸面上，一直抽气到几乎没有液体滤出为止。

⑤用少量滤液将黏附在容器壁上的结晶洗出，继续抽气，并用玻璃塞挤压晶体，尽量除去母液。

⑥洗涤滤饼时，尽量把滤饼抽干、压实、压平，拔掉抽气的橡胶管，恢复常压，把少量溶剂均

匀洒在滤饼上,使溶剂恰能盖住滤饼。静置片刻,使溶剂渗透滤饼,待有滤液从漏斗下端滴下时再抽干,反复几次即可洗净滤饼。

⑦停止抽滤时,应先拔去抽气的橡胶管,然后关闭抽气泵。

(7)重结晶操作中应注意:

①正确选择溶剂,且溶剂的加入量要适当;

②活性炭脱色时,一是加入量要适当,二是切忌在沸腾时加入活性炭;

③吸滤瓶和布氏漏斗应充分预热;

④滤液应自然冷却,待有晶体析出后再适当加快结晶速度,以确保晶型完整;

⑤抽滤时应尽可能将溶剂除去,并用母液洗涤有残留产品的容器;

⑥用蒸馏水多次洗涤滤饼,以除净残留的母液。

3. 微量制备(补充)

在 10 mL 锥形烧瓶中加入 0.13 mL(1.4 mmol)新蒸馏的苯胺、0.19 mL(3.3 mmol)冰醋酸和 3 mg 锌粉,依次安装微型蒸馏头、温度计、回流冷凝管和接收瓶。设定砂浴电加热套温度为 110 ℃,混合液加热至沸腾后,温度计读数迅速上升至 107 ℃,反应生成的水量极少。反应物继续沸腾。当温度计读数持续下降至 80 ℃时,停止加热。

在搅拌下把反应混合物趁热缓慢倒入盛 3 mL 蒸馏水的 10 mL 烧杯中,不断搅拌下冷却,乙酰苯胺逐渐析出。待完全冷却后用三角抽滤漏斗抽滤,再用 0.05 mL 冷水洗涤固体。

将粗乙酰苯胺放入盛 4 mL 热水的烧杯中,加热至沸腾。如果有油珠,补加热水至全部溶解。冷却,乙酰苯胺晶体析出,抽滤,将产物放到滤纸上室温晾干。

称重,计算产率,并测定熔点。

4. 微量制备注意事项

微量制备生成的水很少,且产物较少,不需加活性炭脱色。

(五)实验记录与处理

(1)详细记录实验过程,包括具体的实验步骤的操作时间、操作内容、加入试剂的量、实验观察到的现象等。

(2)根据反应方程式及所使用试剂的量计算理论生成的水量,称量馏出液体积并进行对比,分析馏出液的组分。

(3)根据反应式及所使用试剂的量计算理论产量,称量所得产物的质量,计算产率。

(4)干燥后,采用显微熔点测定仪测定乙酰苯胺的熔点,记录初熔温度、终熔温度,并与理论熔点进行比较。

(六)实验思考题

(1)合成乙酰苯胺时柱顶温度为什么要控制在 105 ℃左右? 低于或高于此温度有何影响?

(2)合成乙酰苯胺的实验采取什么方法来提高产率?

(3)在重结晶操作中,影响产品质量和收率的因素有哪些? 要得到高质量、高产率的产品应注意哪些操作?

(4)反应到达终点时,反应瓶中的白雾是什么?

实验十六　微波辅助法合成肉桂酸

(一)实验目的

(1)学习肉桂酸的合成方法;

(2)掌握 Perkin 反应的原理和应用;

(3)熟练进行水蒸气蒸馏和重结晶操作;

(4)掌握显微熔点测定仪的使用。

(二)实验原理

1. 肉桂酸的制备原理

芳香醛和酸酐在碱性催化剂作用下,可以发生类似羟醛缩合的反应,生成 α,β-不饱和芳香酸,此反应称为 Perkin 反应。催化剂通常是相应酸酐羧酸钾或钠盐,有时也可以用无水碳酸钾、氟化钾或叔胺代替,典型的例子是肉桂酸的制备。肉桂酸是冠心病药物"心可安"的重要中间体,其酯类衍生物是配制香精和食品香料的重要原料。另外,其在农用塑料和感光树脂等精细化工产品中也有着广泛的作用。

主反应:

$$\text{C}_6\text{H}_5\text{CHO} + (\text{CH}_3\text{CO})_2\text{O} \xrightarrow[\text{微波}]{\text{K}_2\text{CO}_3} \text{C}_6\text{H}_5\text{CH}=\text{CHCOOH} + \text{CH}_3\text{COOH}$$

副反应:

$$\text{C}_6\text{H}_5\text{CH}=\text{CHCOOH} \xrightarrow[-\text{CO}_2]{\triangle} \text{C}_6\text{H}_5\text{CH}=\text{CH}_2 \longrightarrow \{\text{CH}-\text{CH}_2\}_n$$

本实验采用微波辅助有机合成(Microwave-Assisted Organic Synthesis,MAOS)方法代替传统的电加热法合成肉桂酸。自 1986 年 Lauventian 大学化学教授 Gedye 及其同事发现通过微波能够加速 4-氰基酚盐与苯甲基氯反应以来,微波促进有机反应研究成为有机化学领域的一大热点。研究表明,借助微波技术,有机反应速度较传统方法快数十倍甚至上千倍,且具有操作简便、产量高及产品易纯化、安全卫生的特点。

不同于传统的电热、油浴、水浴等加热方法是通过外部热传导加热,微波辅助法是从分子内部直接加热,其加热效率远远高于传统加热方式。微波辅助法基于"微波介电热效应",这种热效应依赖于具体物质吸收微波能量转化为热的能力,加热原理分为偶极极化和离子传导两种方式。偶极极化效应是反应体系中的偶极子(如极性的溶剂分子)在微波场发生振荡时,偶极分子在交变电场中发生重排,引起旋转,导致分子间的摩擦,能量以热能方式消耗。离子传导效应是指体系中的带电粒子(经常是离子)在微波场的影响下前后振荡,与邻近的分子或原子碰撞产生热。

微波合成具有以下特点:

(1)加热速度快。由于微波能够深入物质的内部,因此只需要常规加热方法 $1/10 \sim 1/100$

到百分之一的时间即可完成整个加热过程。

（2）热能利用率高。节省能源，无公害，有利于改善劳动条件。

（3）反应灵敏。常规要达到一定温度都需要一段时间，而利用微波加热，调整微波输出功率，物质加热情况立即无惰性地随之改变，这样便于自动化控制。

（4）产品质量高。微波加热温度均匀，表里一致，对于外形复杂的物体，其加热均匀性也比其他加热方法好。

采用传统的电加热方式制备肉桂酸，反应条件为：反应温度为 $150\sim170$ ℃下保持回流 1 h，而借助于微波辅助合成则在功率 300 W 下仅需 15 min 即可达到同样的反应效果，如果提高微波反应功率还可进一步缩短反应时间。

微波反应器及肉桂酸反应装置分别如图 3-10 和图 3-11 所示。

图 3-10 微波反应器

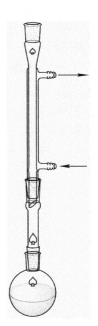

图 3-11 肉桂酸反应装置

2. 水蒸气蒸馏

水蒸气蒸馏是将水蒸气通入不溶或难溶于水但有一定挥发性的有机物质（近 100 ℃时其蒸气压至少为 1 333.2 Pa）中，使该有机物质在低于 100 ℃的温度下随水蒸气一起蒸馏出来，从而达到分离提纯的目的。其原理为：根据分压定律，当有机物 A 与水一起共热时，整个系统的蒸气压等于各组分蒸气压之和，即 $p=p_{H_2O}+p_A$。当总蒸气压（p）与大气压力相等时，则液体沸腾。显然，混合物的沸点低于任何一个组分的沸点，因此有机物可在低于 100 ℃的温度下被蒸馏出来。

水蒸气蒸馏适合分离那些在常压下蒸馏会发生分解的高沸点有机物质，也适用于混合物中含有大量的固体或含有焦油状物质，且通常的蒸馏、过滤、萃取等方法都非常困难的情况。

利用水蒸气蒸馏的物质必须具备以下条件：不溶于水或微溶于水；在沸腾下与水长时间不发生反应；在 100 ℃左右，必须具有一定的蒸气压，至少 $666.5\sim1\,333.2$ Pa（5~10 mmHg），并且在

100 ℃左右时待分离物质与其他杂质具有明显的蒸气压差。

　　水蒸气蒸馏装置如图 3 - 12 所示,主要由水蒸气发生器 A、蒸馏部分 D、接收部分组成。水蒸气发生器内装水量不宜超过容积的 3/4;安全管宜插到发生器的底部,当发生器内蒸气压过大时水沿着安全管上升,以调节体系内部压力;水蒸气发生瓶与圆底烧瓶中间的连接管不宜太长,以减少水蒸气的冷凝;水蒸气导管需浸入蒸馏瓶液面以下,以伸到瓶底部为宜。水蒸气蒸馏时一般只对水蒸气发生器进行加热,但为防止水蒸气在蒸馏瓶内冷凝积累过多,可适当对蒸馏瓶进行加热。

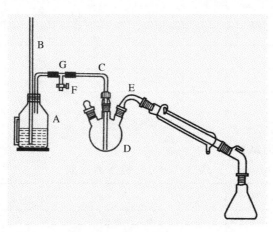

图 3 - 12　水蒸气蒸馏装置

A—水蒸气发生器;B—安全管;C—水蒸气导管;D—蒸馏烧瓶;E—弯接管;F—弹簧夹或螺旋夹;G—T 形管

　　本实验中蒸馏瓶内有未反应及生成的固体、焦油状副产物苯乙烯和聚苯乙烯等,因此,宜采用水蒸气蒸馏的方法除去未反应的苯甲醛。

(三)实验仪器和试剂

1. 实验仪器

表 3 - 18 为实验所需主要仪器及设备。

表 3 - 18　实验所需主要仪器及设备

仪器名称	规格	单位	数量
圆底烧瓶	150 mL,24 口	个	1
圆底烧瓶	250 mL,24 口	个	1
空气冷凝管	24 口,300 mm	支	4(公用)
微波反应器	上海耀特,WBFY - 205	台	6(公用)
水蒸气蒸馏装置		套	1
布氏漏斗	ϕ80 mm	个	1
抽滤瓶	500 mL	个	1
冷凝管	300 mm	个	1
真空接引管		个	1

续表

仪器名称	规格	单位	数量
锥形瓶	100 mL	个	1
量筒	100 mL	个	1
量筒	10 mL	个	1
烧杯	500 mL	个	2
玻璃棒		支	1
电加热套		台	1
循环水真空泵	长城,SHB-Ⅲ	台	9公用
电子天平		台	2公用

2. 实验试剂

表 3-19 为实验所需试剂。

表 3-20　实验所需试剂

试剂名称	级别	用量
苯甲醛	A.R.,新蒸馏	5 mL
醋酸酐	A.R.	15 mL
无水碳酸钾	A.R.	7 g
饱和碳酸钠溶液	自制	
盐酸溶液	6 mol/L	
蒸馏水	自制	
活性炭	A.R.	

3. 实验装置

实验装置包括肉桂酸反应装置(见图 3-11)和水蒸气蒸馏装置(见图 3-12)。

(四)实验内容

在 150 mL 圆底烧瓶中依次加入 7 g(0.05 mol)研细的无水碳酸钾、5 mL(0.05 mol)新蒸馏的苯甲醛、15 mL(0.15 mol)乙酸酐和一粒搅拌子,振荡使之混合。

将圆底烧瓶置于微波反应釜内,依次安装空气冷凝管、球形冷凝管和 $CaCl_2$ 干燥管,通冷却水。在 300 W 功率下微波辐射 15 min(此时可加热装有 200 mL 水的圆底烧瓶作水蒸气发生器用)。随着反应进行,反应瓶内混合物反应剧烈,回流冷凝管内产生大量白雾,反应平稳后大量液体回流。反应结束后,反应瓶内混合物呈棕黄色。从上往下依次拆卸仪器,将圆底烧瓶取出,分两次加入共约 20 mL 热水溶解反应产物。缓慢加入 7 g 无水 Na_2CO_3 粉末再滴加饱和 Na_2CO_3 溶液,调节 pH 到 8。

86

安装水蒸气蒸馏装置,设定电加热套温度为 120 ℃,使水蒸气导管浸入反应瓶液面,加热蒸馏至馏出液中无油珠为止,将馏出液倒入废液桶中。

将反应瓶内液体转移至 500 mL 烧杯中,加入适量活性炭,加热煮沸,趁热过滤。将滤液转移至干净的 500 mL 烧杯中,并逐滴滴加 6 mol/L 的盐酸溶液,酸化至 pH≤3,充分冷却至肉桂酸完全析出。减压过滤并用少量水洗涤固体,得肉桂酸粗产物。

粗产物采用 30%乙醇-水溶液重结晶。将粗产物加热溶解在乙醇-水溶液中,待其完全溶解后,再补加 20%溶剂,静置冷却至室温后再放入冰水浴,减压过滤得白色肉桂酸晶体。将晶体转移至大滤纸上,室温晾干,称重并计算产率。

采用熔点测定仪测定肉桂酸熔点,记录初熔和终熔温度,即为肉桂酸的熔程。

实验注意事项如下:

(1)水蒸气蒸馏注意事项。

①水蒸气发生器内装水量不宜超过容积的 3/4,瓶内加一粒搅拌子或少量沸石;可提前加热蒸气发生器。

②水蒸气导管需浸入反应瓶液面以下,可往反应瓶内补加适量水,但瓶内液体总量不宜超过容积的 1/3。

③水蒸气蒸馏时一般只对水蒸气发生器进行加热,但为防止水蒸气在反应瓶内冷凝积累过多,可适当对反应瓶进行加热。

(2)微波反应器操作步骤。

① 安装仪器:插入电源,把烧瓶放入反应器内,安装冷凝管并接通冷却水,关上炉门。

② 设定反应时间:按【微波】键,按数字键选择微波辐射时间,时间在窗口显示。

③ 启动:按【启动】键,显示窗开始倒计时,立即顺时针旋转功率调节旋钮(先快后慢)至功率表指针示值到指定功率(如 300 W)。

④ 搅拌:顺时针旋转搅拌调节旋钮至适当转速。

⑤ 工作:微波反应器按选定功率输出微波,反应过程中如发现反应现象剧烈,可按【停止】键暂停,待反应液平稳后再继续按【启动】继续反应;结束工作时蜂鸣器鸣响 6 次,显示窗提示"END"。将功率调节旋钮逆时针方向调回零位;如下次反应功率不变,可不调回此旋钮。

⑥ 结束:打开炉门,拆卸仪器,小心取出烧瓶,防止烫伤。

(3)微波反应所需仪器必须干燥。

(4)肉桂酸的溶解度。肉桂酸在不同溶剂、不同温度下的溶解度见表 3-20。由表可见,肉桂酸微溶于水,易溶于乙醇,因而可采用醇-水混合物作为重结晶溶剂进行重结晶分离提纯。实验室采用配制好的 30%(体积比)醇-水溶液作为重结晶溶剂。

表 3-20　肉桂酸在不同溶剂、不同温度下的溶解度

温度/ ℃	溶解度/g		
	水	无水乙醇	糠醛
0	—	—	0.6
25	0.06	22.03	4.1
40			10.9

(五)实验记录与处理

(1)详细记录实验过程,包括具体的实验步骤的操作时间、操作内容、加入试剂的量、实验观察到的现象等。

(2)根据反应方程式及所使用试剂的量计算理论产量,称量所得产物的质量,计算产率。

(六)实验思考题

(1)具有何种结构的醛能够进行 Perkin 反应?

(2)为什么微波合成反应后,先加入饱和碳酸钠溶液,调节 pH 至 8.0 左右。可以用氢氧化钠代替饱和碳酸钠溶液来中和吗? 为什么?

(3)用水蒸气蒸馏除去什么? 能不能不用水蒸气蒸馏?

(4)如何选择重结晶溶剂? 加热溶解样品时,为什么先加入比计算量略少的溶剂,而逐渐增加至完全溶解后还要多加少量的溶剂?

(5)如果溶剂量过多造成晶体析出太少或根本不析出,应如何处理?

(6)熔点毛细管是否可以重复使用?

(7)测定熔点时,若遇下列情况,将产生什么样的结果?

①熔点管壁太厚;

②熔点管底部未完全封闭,尚有一针孔;

③熔点管不洁净;

④样品未完全干燥或含有杂质;

⑤样品研得不细或装得不紧密;

⑥加热太快。

实验十七　智能仿真及光谱分析

(一)实验目的

(1)了解红外光谱、紫外光谱的原理及智能仿真;

(2)熟练掌握红外光谱仪和紫外光谱仪的操作;

(3)学会红外光谱和紫外光谱的谱图分析。

(二)实验原理

1. 红外光谱(Infrared Spectroscopy,IR)

红外光谱,又称傅里叶变换红外光谱(Fourier Transform Infrared Spectroscopy,FTIR),是有机化合物结构表征的重要方法。有机化合物的化学键或官能团都有各自的特征振动频率,因此可以测定化合物的红外吸收光谱,根据吸收带的位置推断出分子中可能存在的化学键或官能团,再结合其他信息便可确定化合物的结构。

红外吸收光谱图可划分成几个区域:$4\,000 \sim 2\,500\ cm^{-1}$ 为 X—H 键伸缩振动吸收区(X 为 O,N,C 和 S 原子)。$2\,500 \sim 1\,900\ cm^{-1}$ 为叁键和累积双键吸收区,包括 —C≡C、 —C≡N,等叁键伸缩振动吸收和 C=C=C、C=C=O、—N=C=O 等反对称伸缩振动吸收。$1\,900 \sim 1\,300\ cm^{-1}$

为双键伸缩振动吸收区,包括 C=C、C=O、C=N、—NO₂ 等伸缩振动吸收,芳环的骨架振动吸收也在此区域内。以上化学键组成有机化合物的官能团,因此又把 4 000～1 300 cm⁻¹ 区称为官能团振动吸收区。1 300～600 cm⁻¹ 称为指纹区,包括 C—H、O—H 的弯曲振动吸收,C—O、C—N、C—X(X=F、Cl、Br、I)、C—O 等伸缩振动以及 C—C、C—O 的骨架振动吸收。常见基团的特征吸收频率见表 3-21。

表 3-21　常见有机化合物基团的红外特征吸收频率

振动类型	化学键类型	特征吸收频率/cm⁻¹(化合物类型)	振动类型	化学键类型	特征吸收频率/cm⁻¹(化合物类型)
伸缩振动	—O—H	3 600～3 200(醇、酚) 3 600～2 500(羧酸)	伸缩振动	C=C	1 680～1 620 (烯烃)
	—N—H	3 500～3 300(胺、亚胺,伯胺为双峰) 3 350～3 180(伯酰胺,双峰) 3 320～3 060(仲酰胺)		C=O	1 750～1 710(醛、酮) 1 750～1 710(羧酸) 1 850～1 800、1 790～1 740(酸酐) 1 815～1 770(酰卤) 1 750～1 730(酯) 1 700～1 680(酰胺)
	sp C—H	3 320～3 310(炔烃)		C=N	1 690～1 640(亚胺、肟)
	sp² C—H	3 100～3 000(烯烃、芳烃)		—NO₂	1 550～1 535、1 370～1 345(硝基化合物)
	sp³ C—H	2 950～2 850(烷烃)			
	sp² C—O	1 250～1 200(酚、酸、烯醚)		—C≡C—	2 200～2 100(不对称炔烃)
	sp³ C—O	1 250～1 150(叔醇、仲烷基醚) 1 125～1 100(仲醇、伯烷基醚) 1 180～1 030(伯醇)		—C≡N—	2 280～2 240(腈)
弯曲振动	sp³ C—H 弯曲振动	1 470～1 430、1 380～1 360(CH₃) 1 485～1 445(CH₂)	弯曲振动	Ar=H 面外弯曲振动	770～730、710～680(五个相邻氢) 770～730(四个相邻氢) 810～760(三个相邻氢) 840～790(两个相邻氢) 900～860(隔离氢)
	=C—H 面外弯曲振动	995～985、915～905(单取代烯) 980～960(反式二取代烯) 690(顺式二取代烯) 910～890(同碳二取代烯) 840～790(三取代烯)		≡C—H 弯曲振动	660～630(端位炔烃)

　　红外光谱仪(见图 3-13)可测气体、液体和溶液样品,也可测固体样品。

　　气体样品可直接充入抽空的样品池内,通常样品池长度为 10 cm 以上。液体样品可直接注入样品池内,然后将模具夹紧,形成薄膜后进行测定。固体样品可采用溶液法、研糊法及压片法测定。其中压片法最为常用,其常见红外模具如图 3-14(a)所示。压片法是将约 1 mg 样品与 100 mg 干燥的溴化钾粉末在红外灯烘烤下,研磨均匀,将研细的粉末加入模具中,在压片机上压成几乎透明的圆片后测定[见图 3-14(b)]。不论什么样品,不论采用什么方法测定,都要保证样品干燥,无水干扰。

图 3-13 红外光谱仪

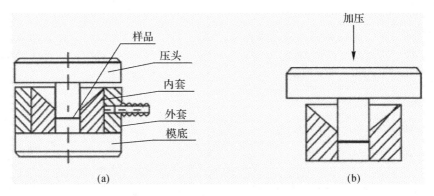

图 3-14 红外专用模具及模压

解析红外光谱时可参照红外谱图标准库中的标准谱图进行对比,或参考常见基团的特征吸收频率表和有关文献数据。

2. 紫外-可见光谱(Ultraviolet-Visible Spectroscopy,UV-Vis)

紫外吸收光谱(主要指紫外-可见吸收光谱,简称 UV)在有机化学中的应用有两方面:一是用于有机化合物的结构表征,二是用于有机化合物的定量分析。由于紫外吸收光谱比较简单、特征性不强,大多数简单官能团在近紫外区只有微弱吸收或无吸收。因此,用它来表征化合物结构受到一定的限制。但是,由于紫外光谱法灵敏度高,能检测出 $10^{-5} \sim 10^{-4}$ mol/L、甚至 $10^{-7} \sim 10^{-6}$ mol/L 浓度的化合物,因此在有机化合物的定量分析中很重要。

在有机化学实验中,主要用紫外吸收光谱表征有机化合物的结构。有机化合物分子中主要有三种电子:形成单键的 σ 电子、形成双键的 π 电子和未成键的孤对电子(也称 n 电子)。有机分子的电子 $\pi \rightarrow \pi^*$ 跃迁一般处于近紫外区,在 200 nm 左右,其特征为摩尔吸光系数(ε)大,一般 $\varepsilon_{max} \geqslant 10^4$,为强吸收带;$n \rightarrow n^*$ 跃迁吸收峰在近紫外区,一般大于 200 nm,其特点为摩尔吸光系数小,$\varepsilon < 100$,谱带强度弱;$\pi \rightarrow \pi^*$ 和 $n \rightarrow \pi^*$ 跃迁都发生在紫外可见光区(200~800 nm)内。$\sigma \rightarrow \sigma^*$ 和 $n \rightarrow \sigma^*$ 电子跃迁都发生在远紫外区(< 200 nm),需要在真空条件下测定。因此,紫外光谱主要用来表征含双键尤其是含共轭体系的分子结构,即 $\pi \rightarrow \pi^*$ 和 $n \rightarrow \pi^*$ 跃迁(见表 3-22)。在近紫外可见光区产生吸收的不饱和基团称为生色团,常有特征吸收峰。几个生色团非共轭键相连于分子中时,分子的紫外吸收是其单独生色团的吸收总和 $\left(\sum_{i} \lambda_i \right)$;如果生色团形成 $\pi - \pi$

共轭体系时,吸收峰的位置向长波方向移动(亦称红移),其摩尔吸收系数也增大。含有 p 电子的基团如—NR_2、—OR、—SR、—X(X==F、Cl、Br、I)本身不吸收,但连接到生色团上构成 π - p 共轭体系,也会产生红移现象,这些基团称为助色团。助色团的助色效应也是固定的。

表 3 - 22　紫外光谱中的跃迁类型

跃迁类型	吸收带	特征	典型基团
$\sigma \rightarrow \sigma^*$	远紫外区	远紫外区测定,饱和烃只能发生$\sigma \rightarrow \sigma^*$ 跃迁,能量很高,$\lambda < 150$ nm	C—C、C—H (在紫外光区观测不到)
$n \rightarrow \sigma^*$	端吸收	紫外区短波长端至远紫外区的强吸收,在紫外区不易观察到这类跃迁,λ 在 150~250 nm,含有未共用电子对(即 n 电子)的原子[如含杂原子饱和基团(—OH、—NH_2)]都可以发生	—OH、—NH_2、—X、—S
$\pi \rightarrow \pi^*$	E_1	芳香环的双键吸收,约 200 nm	—C=C、—C=O
	$K(E_2)$	共轭多烯、—C=C—C=O— 等的吸收	
	B	芳香环、芳香杂环化合物的吸收,具有精细结构	
$n \rightarrow \pi^*$	R	200~400 nm(近紫外区), 含 CO、NO_2 等 n 电子基团的吸收	C=O、C=S、—N=O、—N=N—、C=N

　　单凭紫外吸收光谱很难确定一个化合物的结构,需要与红外吸收、核磁共振、化学计量等方法配合才能确定化合物的结构。

　　利用紫外光谱确定有机分子结构有两种方法。一是将测得的谱图与标准谱图[如 Sadtler Standard Spectra (Ultraviolet)]比较,如果一致,可确定它们可能有相同的发色团分子结构。二是利用经验规则计算最大吸收波长,然后与实测值比较。其方法是查到发色团的特征吸收峰波长 λ_{max} 和助色团的助色效应 $\lambda_{助}$,根据伍德沃德(Woodward)经验规则(主要用于共轭多烯)、斯格特(Scott),经验规则(主要用于芳香族化合物)估计所测化合物的紫外最大吸收位置,然后与实测比较。

　　紫外光谱的测定通常在溶剂中进行。对溶剂的要求是:有良好的溶解能力、在测定波段无吸收、被测化合物在溶剂中有良好的吸收峰形、挥发性小、不易燃、无毒、价格便宜等。测定时将参比液和待测样品溶液放入石英比色皿中,然后将其按照顺序依次放入紫外-可见光谱仪(见图 3 - 15)中,参比液为相应的纯溶剂。以参比液扫描基线,然后采用光谱扫描方式依次测量待测样品的吸光度。

图 3 - 15　紫外-可见光谱仪

(三)实验仪器和试剂

1. 实验仪器

表 3-23 为实验所需主要仪器及设备。

表 3-23　实验所需主要仪器及设备

仪器名称	规格	单位	数量
红外光谱仪	北京瑞利，WQF-510A	台	1(共用)
压片机	天津市科器，769YP-15A 型	台	2(共用)
红外模具		套	3(共用)
玛瑙研钵		个	3(共用)
药匙		个	1
紫外-可见光谱仪	上海美谱达，UV-3200S	台	1(共用)
紫外-可见光谱仪	上海菁华，UV-3200S	台	2(共用)
石英比色皿		个	3
玻璃比色皿		个	8

2. 实验试剂

表 3-24 为实验所需试剂。

表 3-24　实验所需试剂

试剂名称	级别	用量
溴乙烷	自制	
环己酮	自制	
正丁醚	自制	
乙酸乙酯	自制	
肉桂酸	自制	1 mg
乙酰苯胺	自制	1 mg
溴化钾	色谱纯	100 mg
乙酰苯胺-水溶液	自制，4 mg/L	
乙酰苯胺-乙醇溶液	自制，4 mg/L	
肉桂酸-乙醇溶液	自制，4 mg/L	
乙醇	A.R.	
溴百里酚蓝溶液	自制,一系列	
蒸馏水		

(四)实验内容

1. 红外光谱表征

1)样品的制备

本实验对肉桂酸和乙酰苯胺进行红外光谱表征。

固体样品及 KBr 粉末在使用前应进行干燥。

(1)KBr 压片法。

用药匙取小半勺(约 100 mg)KBr 粉末及微量(约 1 mg)待测样放入研钵中研磨粉碎。

按照图 3－14(a)顺序安装模具,将研磨后的试样粉末均匀地放入模具中,旋转压头使粉末均匀铺平。然后将模具放在压片机工作台中心,旋紧压片机丝杆,加压至 10～20 MPa,保持 2 min,如图 3－14(b)所示。

从压片机上取下模具,拿掉压头和外套,取出内套,可看到内套底部有透明或半透明的 KBr 压片。有时模内套会和模底或压头连在一起,这时可在平板上轻轻震几下,即可将样品连同内套一同取下。先制备 KBr 空白压片,再制备样品的 KBr 压片。

测试时将压片连同内套插入样品架中,一同放入红外仪的样品室进行测试。

测试完毕后,清除样品,用酒精分别将模具、研钵擦拭干净后,整套放入盒子内保存。

(2)液体法。

用乙醇将样品窗清洗干净,晾干后将待测液体倒入样品池内,将模具夹紧,备用。

测试完毕后,将样品倒出,用乙醇将样品池清洗并干燥后放入干燥器内保存。

2)样品表征

(1)打开傅里叶红外光谱仪,预热 30 min。

(2)打开计算机主机,进入 Windows 界面。

(3)双击(鼠标左键)打开桌面"MainFTOS"程序,打开傅里叶变换红外光谱仪专用软件程序,进入主界面。

(4)点击"光谱采集"项,选择"设置仪器运行参数(AQPARM)"命令,确认扫描范围为 400～4 000 cm^{-1},扫描次数为 16 次,确认仪器参数设置无误后,点"设置并退出"。

(5)30 min 后开始测试样品。

(6)放入 KBr 空白压片,进行"采集仪器本底(AQBK)",待扫描完成后取出 KBr 空白片。

(7)将样品压片插入样品架中,然后"采集透过率光谱(AQSP)",选择要保存的路径,输入要保存的文件名,待扫描完成后得到样品谱图。

(8)测试完毕后取出自己的样品即可,以便其他同学进行测试。

3)数据处理

(1)打开"谱图打印"软件,点击"F 文件"下拉菜单中"O 打开"选择已保存的文件,然后选择"A 另存为",将谱图转换成".TXT"文本文件。

(2)打开"Origin"程序,点击"File"下拉菜单中的"import"—"Single ASCII",数据在表格中显示。

(3)选中两列数据,点击左下角的"/"做出红外谱图。双击横坐标,更改坐标范围为 From

"4000"To"400"。更改横坐标为"Wavenumber(cm⁻¹)",纵坐标为"Transmittance(%)"。

（4）将做好的图复制、粘贴到以班级为名称的 Word 文件中，进行标峰、官能团分析。

（5）仪器使用完毕后，首先停止软件运行命令再关闭软件，然后关闭仪器，断电将仪器盖好。

2. 紫外光谱表征

1）样品准备

本实验对肉桂酸、乙酰苯胺和溴百里酚蓝溶液进行紫外表征。

配制肉桂酸-乙醇溶液,浓度为 4 mg/L。采用石英比色皿进行测试表征,光谱扫描范围为 190～339 nm,乙醇为参比液。

分别配制乙酰苯胺的乙醇溶液和水溶液,浓度为 4 mg/L。采用石英比色皿进行测试表征,光谱扫描范围为 190～339 nm,乙醇和水分别作为参比溶液;分析溶剂极性对最大吸收波长的影响(乙醇极性 4.30,水极性 10.20)。

配制不同酸碱度的溴百里酚蓝溶液 1～7 号。采用玻璃比色皿进行测试表征,光谱扫描范围为 300～700 nm,蒸馏水作为参比溶液。

2）紫外表征

本操作步骤以上海美谱达 MAPADA UV-3200S 紫外-可见光谱仪为例,其他紫外测试仪器会稍有差别,具体机型以操作说明为准。

（1）打开紫外光谱仪,预热 15 min。

（2）打开计算机主机,进入 Windows 界面。

（3）双击（鼠标左键）打开桌面紫外光谱仪专用软件"UV-Vis Analyst"程序,进入主界面,显示"重新校刻系统",选择"否";屏幕左下角显示"UV-Analyst 报告主机状态",点击"返回"。

（4）点击左上角"文件"下拉菜单中的"创建",选择"光谱扫描模式",点"OK"确认进入光谱扫描模式。

（5）点击"B"(系统基线校正),系统进行校正完毕后提示"就绪"。

（6）将参比液倒入比色皿中,液面高度低于上沿 1 cm,用吸水纸将外表面的液体吸干,手指捏住磨砂的两面,将其放入卡槽内,并将透明的两面对准光路。

（7）将待测液倒入另一干净的比色皿中,重复步骤(6),样品全部放入后,合上盖子。

（8）参比液对准光路,点击"E"(满刻度校正),扫描完毕后,拉动拉杆,待测样品进入光路。

（9）点击"扫描"→"启动",仪器扫描完毕后提示"样品已扫描结束,请继续操作",点击"确定",依次测试样品。

（10）点击"文件"→"保存为"→键入文件名[保存类型:波长扫描文件(＊.sca)];点击"文件"→"导出数据表格"→键入文件名[保存类型:Excel 数据文件(＊.csv)]。

（11）测试完毕后,打开盖子,取出比色皿,点击"退出系统"。

（12）关闭计算机及紫外光谱仪电源开关。

（13）依次用乙醇、蒸馏水清洗比色皿,晾干后放入盒内保存。

3. 注意事项

（1）KBr 压片法制备压片前,样品和 KBr 需干燥;压片时样品量约 1 mg,KBr 约 100 mg,样品及 KBr 量不宜过多,否则压片太厚,不易透光,无法测试。

(2)样品和 KBr 粉末研细并研磨均匀,在模具内铺平,可旋转压头使粉末均匀铺平;压片机加压不要超过 20 MPa,否则易造成压片破裂及仪器损伤。

(3)红外光谱测试时,采用 KBr 空白片采集仪器本底,是为了扣除空气中 CO_2 及 KBr 本身的影响;紫外-可见光谱测试时,采用溶剂作为参比液进行基线校正,样品更换溶剂时,需重新采用新溶剂作参比液进行基线校正。

(4)用手捏比色皿的磨砂面;使用时先用待测液润洗 3～4 次,再加入待测液至低于上沿 1 cm 处,并用吸水纸吸干比色皿外表面溶液。

(5)溴百里酚蓝(Bromothymol Blue)又名溴麝香草酚蓝,无色或浅玫瑰色结晶性粉末,化学式为 $C_{27}H_{28}O_5SBr_2$,化学结构式见图 3-16。易溶于醇、稀碱溶液和氨水中,微溶于水,不溶于石油醚。pH 变色范围为 6.0(黄色)～7.6(蓝色)。分析化学中用作酸碱指示剂和色谱分析试剂。

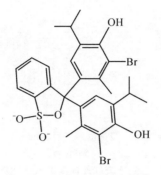

图 3-16 溴百里酚蓝化学结构式

(五)实验记录与处理

(1)保存测试样品的红外谱图数据并作图,与标准谱图进行对比,看是否一致;进行红外谱图解析,分析各待测样品的特征吸收峰。溴乙烷、乙酸乙酯、乙酰苯胺、肉桂酸的标准谱图分别见图 3-17～图 3-20。

(2)保存待测样品的紫外-可见光谱数据并作图,标注最大吸收波长,并进行谱图解析。

(3)保存溴百里酚蓝系列溶液的谱图,并标注各曲线的最大吸收波长。

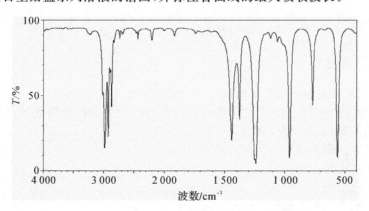

图 3-17 溴乙烷红外标准谱图(SDBS 谱图库)

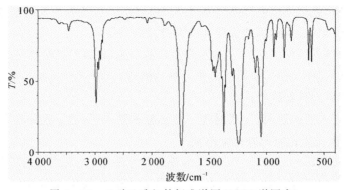

图 3-18　乙酸乙酯红外标准谱图(SDBS 谱图库)

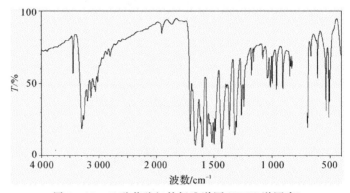

图 3-19　乙酰苯胺红外标准谱图(SDBS 谱图库)

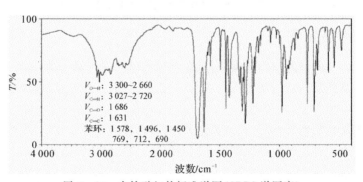

图 3-20　肉桂酸红外标准谱图(SDBS 谱图库)

(六)实验思考题

(1)试分析紫外光谱表征过程中溶剂极性对最大吸收波长的影响。

(2)根据已做过的实验,试查阅以下各组化合物的红外光谱图并做谱图分析,指出各物质红外特征谱峰的差异(选做任意一组)。

①环己醇＋环己酮;

②正丁醇＋正丁醚;

③苯甲醛＋肉桂酸;

④乙醇＋乙酸＋乙酸乙酯;

⑤乙酸＋苯胺＋乙酰苯胺。

第四部分 创新和综合性实验

实验十八 环己酮肟的制备

(一)实验目的

学习用酮和羟胺的缩合反应制备肟的方法。

(二)实验原理

醛、酮与羟胺、2,4-二硝基苯肼及胺基脲的加成缩合物都是良好的晶体,具有固定的熔点,因而常用来鉴别醛、酮。而且这类化合物在稀酸作用下,还能够水解成原来的醛、酮,因此可利用这种反应来分离和提纯醛、酮。

环己酮肟的制备方法,工业上较新颖地采用环己醇和氯及一氧化氮进行光化学反应,先得到1-氯-1-亚硝基环己烷,然后进行还原反应,即得到环己酮肟。

本实验采用环己酮和盐酸羟胺制备环己酮肟,反应式如下:

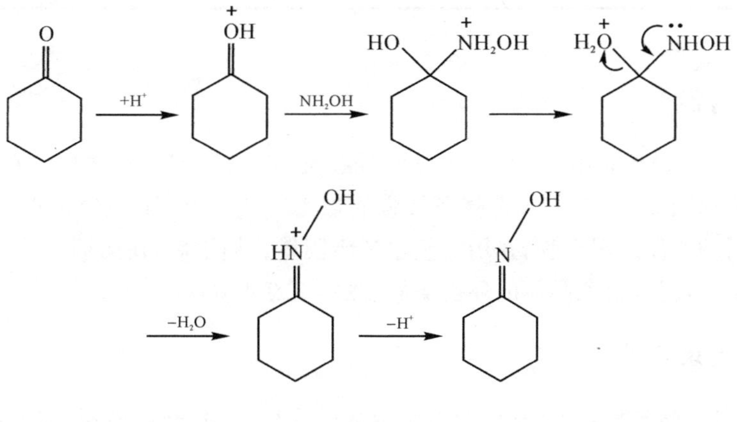

(三)实验仪器和试剂

1. 实验仪器

表4-1为实验所需主要仪器及设备。

表 4 - 1　实验所需主要仪器及设备

仪器名称	规格	单位	数量
磨口锥形瓶	250 mL	个	1
量筒	10 mL	个	1
量筒	25 mL	个	1
布氏漏斗	ϕ70 mm	个	1
抽滤瓶	500 mL	个	1
电加热套		台	1(共用)
电子天平		台	2(共用)
鼓风干燥箱			

2. 实验试剂

表 4 - 2 为实验所需试剂。

表 4 - 2　实验所需试剂

试剂名称	级别	用量
环己酮	自制	15 mL
盐酸羟胺	A.R.	14 g
醋酸钠	A.R.	20 g
蒸馏水	自制	
氨水	A.R.	
无水硫酸镁	A.R.	

(四)实验内容

在 250 mL 磨口锥形瓶中,加入 14 g 盐酸羟胺及 20 g 醋酸钠,使之溶解在 60 mL 蒸馏水中,加热,使温度达到 35~40 ℃。搅拌下缓慢滴加 15 mL 环己酮,反应过程中有白色固体生成。加入完毕后抽滤反应混合物,并用少量水洗涤固体。抽干后,在滤纸上进一步压干。样品置于干燥箱中干燥,得到白色晶体的环己酮肟,测定熔点为 89~90 ℃。

(五)实验记录与处理

(1)详细记录实验过程,包括具体的实验步骤的操作时间、操作内容、加入试剂的量、实验观察到的现象等。

(2)根据反应式及所使用试剂的量计算理论产量,称量所得产物的质量,计算产率。

(六)实验思考题

环己酮肟制备时,为什么要加入醋酸钠?

实验十九　己内酰胺的制备

(一)实验目的

(1)掌握以贝克曼(Beckmann)重排反应制备酰胺的方法和原理；
(2)掌握贝克曼重排反应历程；
(3)掌握贝克曼反应的基本方法。

(二)实验原理

脂肪族醛、酮和芳香族醛、酮与氨的衍生物在羟胺的作用下生成肟。酮肟或醛肟在五氯化磷、硫酸、多聚磷酸、苯磺酰氯等酸性试剂作用下发生分子重排生成酰胺。这种由肟生成酰胺的重排反应，叫作贝克曼重排(Beckmann Rearrangement)，是一种很普遍的重排反应。此反应由德国化学家恩斯特·奥托·贝克曼发现并因此得名。

贝克曼重排反应历程较为复杂，中间体是"氮宾"正离子，随邻近羟基转移到正中心形成邻碳正离子，然后水合、去质子、异构化得到酰胺。以上各步反应是连续且同时发生的。不对称的酮肟或醛肟进行重排时，通常羟基总是和在反式位置的烃基进行位置互换，即反式位移。在重排过程中，烃基的迁移与羟基的离去是同时发生的同步反应，该反应是立体专一性的。通常在醚溶液中进行贝克曼重排反应。

通过贝克曼重排反应，鉴定生成的酰胺或酰胺的水解产物，可以知道酮肟的构型，因而可以推断原来的结构。应用贝克曼重排可以合成一系列酰胺，尤其是环己酮肟重排为己内酰胺具有重要的工业意义。己内酰胺开环聚合可以得到聚己内酰胺树脂(尼龙-6)，后者是一种性能优良的高分子材料。

以前面实验制备的环己酮肟为原料，制备己内酰胺，反应原理如下：

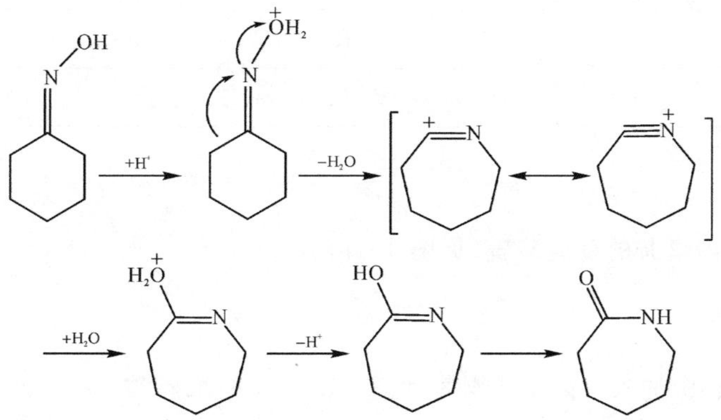

(三)实验仪器和试剂

1. 实验仪器

表4-3为实验所需主要仪器及设备。

表 4 - 3 　实验所需仪器及设备

仪器名称	规格	单位	数量
烧杯	500 mL	个	1
三口烧瓶	250 mL	个	1
恒压滴液漏斗	100 mL	个	1
温度计	200 ℃	支	1
烧杯	100 mL	个	2
分液漏斗	125 mL	个	1
真空三角抽滤漏斗		个	1
蒸馏装置		套	1

2. 实验试剂

表 4 - 4 为实验所需试剂。

表 4 - 4 　实验所需试剂

试剂名称	级别	用量
环己酮肟	自制	5 g
浓硫酸	85%	5 mL
氨水	12.5%	25 mL
四氯化碳	A. R.	15 mL
活性炭	A. R.	
无水硫酸镁	A. R.	
石油醚	A. R.	

3. 实验装置

实验装置为己内酰胺的反应装置(见图 4 - 1)。

(四)实验内容

在 500 mL 烧杯中加入 5 g 环己酮肟和 5 mL 85% 的浓硫酸,悬一支温度计监控反应温度,搅拌溶解。缓慢加热烧杯,当有气泡生成时(110~120 ℃),立即撤掉热源,温度急剧升高,反应在数秒内完成,生成棕色黏稠状液体。将其转移至 250 mL 三口烧瓶中,置于冰水浴中冷却至 5 ℃以下。搅拌状态下缓慢滴加 12.5% 的氨水至碱性(pH=7~9,约 25 mL),控制反应温度在 20 ℃以下,以免己内酰胺在温度较高时发生水解。将反应液转移入分液漏斗中,分别用 5 mL 的四氯化碳萃取三次,合并有机层。用无水硫酸镁干燥至液体澄清,抽滤。蒸馏除去多余的四氯化碳,剩余 5 mL 左右,转移至干燥的 100 mL 烧杯中。冷却至 60 ℃时滴加石油醚,搅拌至固体析出,继续冷却并搅拌使大量的固体析出,抽滤,并用石油醚洗涤一次。称重并计算产率。

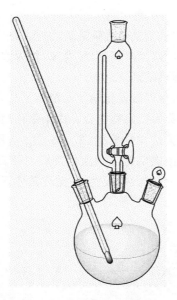

图 4-1　己内酰胺反应装置

实验注意事项如下:

(1)由于重排反应进行得很激烈,故须用大反应器以利于散热,使反应缓和。环己酮肟的纯度对反应有影响。

(2)反应温度升至 110~120 ℃,当有气泡产生时,立即移去热源,反应在数秒内完成。

(3)用氨水进行中和时,开始要加得很慢,否则温度突然升高,影响收率。

(4)滴加石油醚时一定要搅拌(有浑浊时可用玻璃棒有意摩擦烧杯壁,以利于晶体析出)。

(五)实验记录与处理

(1)详细记录实验过程,包括具体的实验步骤的操作时间、操作内容、加入试剂的量、实验观察到的现象等。

(2)根据反应式及所使用试剂的量计算理论产量,称量所得产物的质量,计算产率。

(六)实验思考题

(1)为什么要加入 20％氨水进行中和?

(2)滴加氨水时,为什么控制反应温度?

实验二十　安息香缩合——二苯乙醇酮的制备

(一)实验目的

(1)学习安息香缩合的原理和应用维生素 B_1(VB_1)为催化剂合成安息香的实验方法;

（2）巩固掌握加热回流、重结晶、测熔点等操作。

(二)实验原理

二苯乙醇酮(Benzoin)，又名安息香，或苯偶姻，为乳白色或淡黄色结晶，溶于丙酮、热乙醇，微溶于水。其主要用于荧光反应检验锌、有机合成、作为测热法的标准及防腐剂等，也是粉末涂料生产中防止出现针孔的理想助剂。

安息香可由苯甲醛在热的氰化钾或氰化钠的乙醇溶液中加热回流反应制得，两分子苯甲醛之间发生缩合反应，故该反应称为安息香缩合。由于氰化物是剧毒物质，在实验室制作极为不便，故改用 VB₁作催化剂。此方法操作安全、效果良好。VB₁是一种生物辅酶，在生化过程中主要是对 α-酮酸的脱羧和生成偶姻等三种酶促反应发挥辅酶的作用。VB₁分子右边噻唑环上的氮原子和硫原子之间的氢有较大的酸性，在碱性条件下易被除去形成碳负离子，从而催化安息香的形成。

反应方程式如下：

其催化机理为

(三)实验仪器和试剂

1. 实验仪器

表 4-5 为实验所需主要仪器及设备。

表 4-5 实验所需仪器及设备

仪器名称	规格	单位	数量
圆底烧瓶	50 mL	个	1
直形冷凝管	300 mm	支	1
布氏漏斗	ϕ 80 mm	个	1
抽滤瓶	500 mL	个	1
烧杯	500 mL	个	1
量筒		个	1
表面皿		个	1
温度计	200 ℃	支	1
结晶皿		个	1
减压蒸馏装置		套	1
滤纸		张	

2. 实验试剂

表 4-6 为实验所需试剂。

表 4-6 实验所需试剂

试剂名称	级别	用量
苯甲醛	A.R.	5 g
维生素 B_1		1.75 g
蒸馏水	自制	3.5 mL
氢氧化钠溶液	10%	
95%乙醇	A.R.	15 mL

(四)实验内容

在 50 mL 圆底烧瓶中加入 1.75 g(0.005 mol)VB_1、3.5 mL 蒸馏水、15 mL 95%乙醇和搅拌子,盖上塞子并搅拌均匀后,置于冰水浴中冷却。用试管盛取 4 mL 10%的 NaOH 溶液,置于冰水浴中冷却 10 min,然后用冷透的 NaOH 溶液调节反应液 pH 至 9~10。量取 10 mL 新蒸苯甲醛,再调节反应液 pH 至 9~10,充分搅拌摇匀。加热并回流 1.5 h,使温度保持在 60~75 ℃之间,随着反应进行,溶液逐渐呈酒红色。停止加热,待反应物冷却至室温,析出浅黄色晶体,再在冰水浴中冷却。待结晶完全后减压抽滤,用冷水洗涤,得到黄色粉末状(或晶体)粗产物。用95％乙醇重结晶,得到白色针状晶体,称重并计算产率。

实验注意事项如下:

(1)加入水和乙醇后,VB$_1$大部分溶解,有少量白色固体未溶解。加入 NaOH 后,溶液由无色变为棕黄色;加入苯甲醛后,溶液颜色变浅,pH 变小,加入 NaOH 后,溶液变成黄色。温热过程中有黄色晶体析出。

(2)实验过程中要进行 pH 调节的原因:VB$_1$是催化剂,它在酸性条件下比较稳定,在水溶液中或碱性条件下易开环失效。反应的第一步是加入冰冷的氢氧化钠,目的是防止噻唑环发生开环反应,促使 VB$_1$形成碳负离子。因此在实验过程中,pH 必须调节在 9～10 之间。pH 过低无法形成碳负离子,反应无法进行;pH 过高则会使 VB$_1$发生开环或发生歧化反应生成苯甲酸和苯甲醇。

(3)反应溶液 pH 保持在 9～10 之间,特别是在加入苯甲醛后调节 pH 时,一定要注意观察,到蓝色时停止再加,否则容易过碱。

(4)温热的时间不能短于 1.5 h,尽量让反应完全。

(5)加热时应严格控制温度,切勿加热过剧。

(6)冷却时不宜太快,否则产物易呈油状析出,抽滤时被抽出,造成损失。

(五)实验记录与处理

(1)详细记录实验过程,包括具体的实验步骤的操作时间、操作内容、加入试剂的量、实验观察到的现象等。

(2)根据反应方程式及所使用试剂的量计算理论产量,称量所得产物的质量,计算产率。

(六)实验思考题

(1)实验为什么要采用新蒸馏的苯甲醛?

(2)反应混合物的 pH 为什么要保持在 9～10 之间? pH 过高或过低有什么影响?

(3)安息香缩合与羟醛缩合及歧化反应有何不同?

实验二十一 对乙酰氨基酚的制备

(一)实验目的

(1)了解对乙酰氨基酚的性状、特点和化学性质;

(2)掌握还原反应中还原剂的选择;

(3)掌握酰化反应的原理和酰化试剂的选择。

(二)实验原理

对乙酰氨基酚(简称 APAP),又名扑热息痛,是最常用的非抗炎解热镇痛药,临床上用于感冒发烧、头痛、关节痛和神经痛等。对乙酰氨基酚为化学名,又名 N-(4-羟基苯基)-乙酰胺[N-(4-Hydroxyphenyl)-acetamide],商品名有泰诺林、百服宁、必理通和醋氨酚,为白色结晶或结晶性粉末,无臭,味微苦,熔点为 168～172 ℃。易溶于热水或乙醇,溶于丙酮,略溶于水。

对乙酰氨基酚可通过对氨基苯酚乙酰化得到。常用的合成方式有以下几种:

(1)以对硝基苯酚为原料,经铁粉还原得对氨基苯酚[下式途径(1)],再经醋酸酐酰化反应制得。反应方程式如下:

(2)以对硝基苯酚为原料,Pd-La/C 为催化剂[上式途径(2)]。可采用"一锅煮"法,无须分离纯化中间体对氨基苯酚,还避免了其氧化,简化了生产工艺,降低了生产过程中的杂质含量,利于提高产品纯度,产品质量和外观有很大程度的改善。反应可在反应釜中进行,产物可连续移出,适合于大规模生产,也是目前国内外大力提倡的合成方法。

(3)将对氨基苯酚加入稀醋酸中,再加入冰醋酸,升温至 150 ℃反应 7 h,再加入醋酸酐继续反应 2 h,检查反应终点,合格后冷却至 25 ℃以下,抽滤、水洗除去乙酸,干燥得粗品。

(4)将对氨基苯酚、冰醋酸及含酸 50％以上的酸母液一起蒸馏,蒸出稀酸的速度为每小时馏出总量的 1/10,待温度升至 130 ℃以上,检查对氨基苯酚残留量低于 2.5％后,加入稀酸(含量大于 50％),冷却结晶。抽滤,先用少量稀酸洗涤,再用大量水洗至滤液接近无色,得粗品。

采用重结晶的方法进行对乙酰氨基酚精制。将水加热至接近沸腾时加入粗品,升温至全部溶解,稍冷后加入少量活性炭,用稀醋酸调节 pH 至 4.2～4.6,继续煮沸 10 min。趁热减压过滤,然后在滤液中加入少量亚硫酸氢钠。冷却至 20 ℃以下,晶体析出。甩滤,水洗,干燥得对乙酰氨基酚成品。

(5)以硝基苯为原料,可通过如下反应式合成对乙酰氨基酚:

(6)以对羟基苯乙酮为原料,经肟化和 Bechmann 重排两步法合成对乙酰氨基酚,反应式如下:

其他的生产方法还有：在冰醋酸中用锌还原对硝基苯酚，同时乙酰化得到对乙酰氨基酚；将对羟基苯乙酮生成的腙置于硫酸酸性溶液中，加入亚硝酸钠，转位生成对乙酰氨基酚。

本实验采用铁粉还原对硝基苯酚得对氨基苯酚，再经醋酸酐酰化制备对乙酰氨基酚。

(三)实验仪器和试剂

1. 实验仪器

表4-7为实验所需主要仪器及设备。

表4-7　实验所需主要仪器及设备

仪器名称	规格	单位	数量
圆底烧瓶	100 mL	个	1
直形冷凝管	300 mm	支	1
布氏漏斗	ϕ80 mm	个	1
抽滤瓶	500 mL	个	1
烧杯	500 mL	个	1
量筒		个	1
表面皿		个	1
温度计	200 ℃	支	1
结晶皿		个	1
减压过滤装置		套	1

2. 实验试剂

表4-8为实验所需试剂。

表4-8　实验所需试剂

试剂名称	级别	用量
对硝基苯酚	A.R.	10.5 g
氯化铵	A.R.	2.5 g
铁粉	A.R.	1.5 g
冰乙酸	A.R.	
乙酸酐	A.R.	15 mL
亚硫酸氢钠	A.R.	
蒸馏水	自制	

（四）实验内容

1. 对氨基苯酚的还原

取 10.5 g(0.075 mol)对硝基苯酚、2.5 g 氯化铵和 1.5 g 铁粉加入 100 mL 烧瓶中,再加入 50 mL 蒸馏水,搅拌下加热回流 3 h。趁热过滤,滤渣用少量沸水洗涤 2 次,滤液冷却至室温后,用冰水浴冷却。过滤得到对氨基苯酚粗品,干燥称重并计算产率。产物直接用于下步反应。

2. 对乙酰氨基酚(扑热息痛)的制备

取对氨基苯酚 7 g 和 10 mL 水加入 50 mL 圆底烧瓶中,摇匀成悬浮液后,再加入 7 mL 醋酸酐,用力摇匀。加热回流,使固体完全溶解后,再继续回流 10 min。冷却结晶,过滤、水洗,得到对乙酰氨基酚精品,干燥称重并计算产率。

测定对乙酰氨基酚的熔点,熔点范围为 168～172 ℃。

（五）实验记录与处理

(1)详细记录实验过程,包括具体的实验步骤的操作时间、操作内容、加入试剂的量、实验观察到的现象等。

(2)根据反应方程式及所使用试剂的量计算理论产量,称量所得产物的质量,计算产率。

（六）实验思考题

(1)硝基化合物还原成胺有哪些方法? 比较各方法的优缺点。
(2)除用乙酸酐作酰化试剂外,还可用何种物质作酰化试剂?
(3)为什么本实验中主要得到的是氨基的酰化产物而不是羟基的酰化产物?

实验二十二　两步法高产率合成 4-(对甲苯基)-2,2′:6′,2″-三联吡啶[*]

（一）实验目的

(1)掌握羟醛缩合反应增长碳链的方法与原理;
(2)探索不同溶剂条件对反应产率的影响并寻找最优溶剂。

（二）实验原理

1. 羟醛缩合反应

羟醛缩合反应是一类重要的有机化学反应,它在有机化学合成中有着广泛的应用。羟醛缩合反应是指含有 α-H 的醛或酮(如对甲基苯甲醛),在碱催化下生成碳负离子,然后碳负离子作为亲核试剂对醛或酮(2-乙酰吡啶)进行亲核加成,生成 β-羟基醛,β-羟基醛受热脱水生

---

[*] 本实验获得 2016 年首届卓越联盟大学生化学新实验设计竞赛参赛二等奖,指导教师为欧植泽,参赛学生为姜恺悦、雷晶和刘光汉。

成 α，β-不饱和醛或酮。在稀碱或稀酸的作用下，两分子的醛或酮可以互相作用，其中一个醛（或酮）分子中的 α-氢加到另一个醛（或酮）分子的羰基氧原子上，其余部分加到羰基碳原子上，生成一分子 β-羟基醛或一分子 β-羟基酮。

2. 迈克尔加成反应（Michael Addition Reaction）

迈克尔加成在立体化学上属于区域选择性反应。亲核试剂 2 优先进攻 β 位的碳原子，生成一个烯醇盐中间体，后者在后处理步骤中被质子化，生成一个新的饱和的羰基化合物。反应机理为

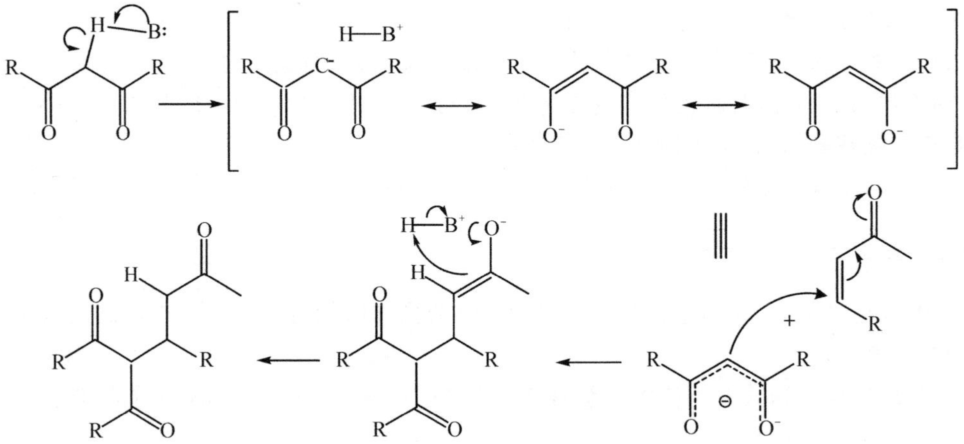

本实验在前人的实验基础上，提高对甲基苯甲醛和 2-乙酰吡啶的羟醛缩合反应产率，并将该反应产物与 2-乙酰吡啶和醋酸铵经过 Michael 加成反应生成三联吡啶配体。反应方程式如下：

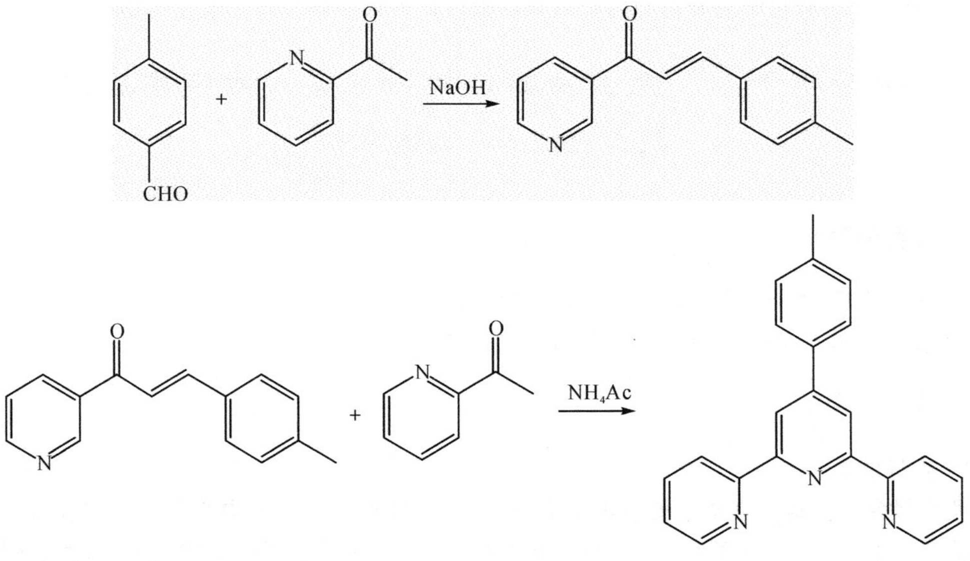

(三)实验仪器和试剂

1. 实验仪器

表 4-9 为实验所需主要仪器及设备。

表 4 – 9　实验所需主要仪器及设备

仪器名称	规格	单位	数量
圆底烧瓶	100 mL	个	1
直形冷凝管	300 mm	支	1
滴液漏斗	100 mL	个	1
布氏漏斗	ϕ80 mm	个	1
抽滤瓶	500 mL	个	2
烧杯	500 mL	个	1
量筒	10 mL	个	5
表面皿		个	1
温度计	200 ℃	支	1
结晶皿		个	1
移液枪	10 mL	支	1
移液枪	1 mL	支	1
减压过滤装置		套	1
循环水真空泵	SHB - Ⅲ	台	1
红外光谱仪	Rayleigh WQF - 510A	台	1

2. 实验试剂

表 4 – 10 为实验所需试剂。

表 4 – 10　实验所需试剂

试剂名称	级别	用量
对甲基苯甲醛	A. R.	30 mL
氢氧化钠	A. R.	10 g
氢氧化钾	A. R.	
2 - 乙酰吡啶	A. R.	
甲醇	A. R.	
乙醇	A. R.	
氨水	A. R.	
醋酸铵	A. R.	
四氢呋喃	A. R.	
氯仿	A. R.	
蒸馏水	自制	

(四)实验内容

1. 羟醛缩合反应

向反应瓶中加入 6 mL 甲醇和 4 mL 蒸馏水。再向反应瓶加入 1 mL 对甲基苯甲醛、1 mL 2-乙酰吡啶,置于冰水浴中搅拌反应 5 min。称取 0.5 g 氢氧化钠溶于 2 mL 蒸馏水中,并将其用胶头滴管缓缓滴入反应瓶中。冰水浴下搅拌 1 h。撤去冰水浴,加入 15 mL 蒸馏水,继续搅拌 10 min。抽滤反应产物,并用体积比 1:1 的甲醇-水溶液多次洗涤。烘干产物并称重,计算产率。

采用不同体积比的混合溶剂(甲醇:水=1:1 和 1:2,乙醇:水=1:1,四氢呋喃:水=1:1)重复实验,分别计算产率并进行比较。采用不同碱浓度(氢氧化钠 0.2 g、0.5 g、1.5 g)进行重复实验。

2. 三联吡啶的合成

取 5 g 上述反应产物溶于 40 mL 无水乙醇中。冰浴下加入 2.5 mL 2-乙酰吡啶,并进行搅拌。称取 4 g 氢氧化钾固体溶于 4 mL 蒸馏水中,并将其逐滴加入反应瓶中。反应搅拌 1 h。加入 20 mL 浓氨水,在 50 ℃ 下反应 24 h。抽滤反应物,并用体积比 1:1 的甲醇-水溶液洗涤。烘干产物并称重,计算产率。

3. 红外光谱分析

采用傅里叶红外光谱仪对中间产物和最终产物三联吡啶的化学结构进行表征。测试方法为溴化钾压片法,扫描范围为 4 000~400 cm^{-1},扫描次数为 16 次。

4. 实验结论

本实验以 2-乙酰吡啶和对甲基苯甲醛为原料,通过两步法合成了目标产物 4-(对甲苯基)-2,2′:6′,2″-三联吡啶。2-乙酰吡啶和对甲基苯甲醛在体积比 1:1 的甲醇-水混合溶剂、10% NaOH 和冰浴条件下进行羟醛缩合反应生成 α,β-不饱和酮,其产率可达到 95.7%;所得产物接着在氢氧化钾存在条件下与浓氨水作用得到 4-(对甲苯基)-2,2′:6′,2″-三联吡啶,两步反应的总产率为 65.8%。提高羟醛缩合反应产物与氨水作用的反应温度可以大幅减少反应时间,且保持了较高的产率。

实验二十三　1-丁基-4-氨基-1,2,4-三唑六亚硝基钴含能离子液体的制备*

(一)实验目的

(1)了解含能离子液体的基本理论和合成方法;

(2)掌握旋转蒸发仪的使用方法;

(3)学习使用核磁共振谱仪和傅里叶变换红外光谱仪分析有机物的结构。

---

* 本实验获得 2017 年卓越联盟大学生化学新实验设计竞赛参赛三等奖,指导教师为管萍,参赛学生为李赫洋、薛洁和薛媛。

(二)实验原理

含能离子液体属于功能型离子液体的新体系。因其分子结构中含有大量的高能 C—N 和 N—N 键,与传统的含能材料(如三硝基甲苯、烃类混合物、肼类推进剂等)相比,具有密度高、生成焓高、爆轰性能优良、热稳定性好、在强氧化剂作用下可自持燃烧等优势,已成功应用于高能炸药、推进剂和气体发生剂等领域。

本实验将以密度较高、爆轰性能较好的 4-氨基-1,2,4 三唑为母体,通过烷基化反应在三唑环上引入丁基,形成三唑阳离子,然后再通过离子交换反应,引入含能的阴离子六亚硝基钴离子,合成 1-丁基 4-氨基-1,2,4-三唑六亚硝基钴含能离子液体。合成路线如下:

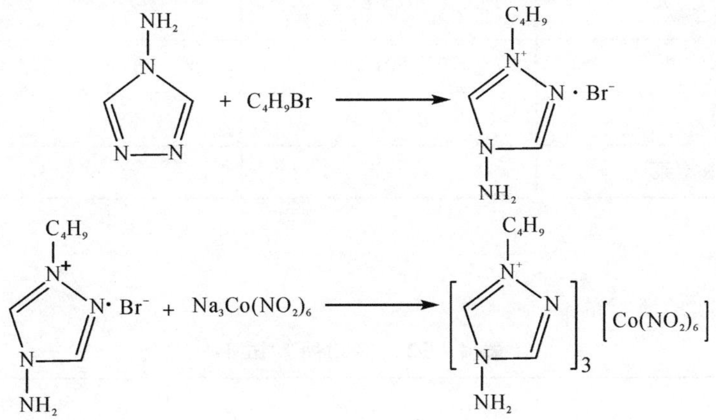

(三)实验仪器和试剂

1. 实验仪器

表 4-11 为实验所需主要仪器及设备。

表 4-11 实验所需主要仪器及设备

仪器名称	规格	单位	数量
圆底烧瓶	250 mL	个	2
蒸馏烧瓶	100 mL	个	2
移液管	10 mL	根	1
分析天平		台	1
量筒	100 mL	个	1
量筒	50 mL	个	1
量筒	10 mL	个	1
药匙		个	1
温度计	200℃	根	1
球形冷凝管	300 mm	个	1

仪器名称	规格	单位	数量
搅拌子		个	2
玻璃棒		根	2
砂芯漏斗		个	1
抽滤瓶		个	1
磁力搅拌器		台	1
恒温水浴锅		台	1
旋转蒸发仪	R501A	台	1
铁架台		个	1
循环水真空泵		台	1

2. 实验试剂

表 4-12 为实验所需试剂。

表 4-12 实验所需试剂

试剂名称	级别	用量
4-氨基-1,2,4-三唑	A.R.	5.00 g
溴代正丁烷	A.R.	7.7 mL
亚硝酸钴钠	A.R.	3.05 g
乙腈	A.R.	110 mL
丙酮	A.R.	120 mL
乙酸乙酯	A.R.	120 mL

(四)实验内容

1. 1-丁基-4-氨基-1,2,4-三唑溴的制备

在洁净、干燥的 250 mL 圆底烧瓶中依次加入 5 g 4-氨基-1,2,4-三唑、7.7 mL 溴代正丁烷和 100 mL 乙腈,然后加入一粒搅拌子。固定圆底烧瓶,安装冷凝管和温度计。恒温水浴加热,反应温度 50 ℃,磁力搅拌 48 h。

反应完毕后,旋蒸,待烧瓶中液体变成浅黄色黏稠状且无馏分流出时关闭旋转蒸发仪。将圆底烧瓶中产物 1-丁基-4-氨基-1,2,4-三唑溴倒入试剂瓶中密封保存。

2. 1-丁基-4-氨基-1,2,4-三唑六亚硝基钴的制备

在洁净、干燥的 250 mL 圆底烧瓶中依次加入 1-丁基-4-氨基-1,2,4-三唑溴、3.05 g 亚硝酸钴钠和 100 mL 丙酮,然后加入一粒搅拌子。固定圆底烧瓶,安装冷凝管和温度计。恒温

水浴加热,反应温度 35 ℃,磁力搅拌 48 h。

反应完毕后,过滤反应液,然后旋蒸滤液。待烧瓶中液体变成褐色黏稠状且无馏分流出时停止旋蒸。在烧瓶加入 50 mL 乙酸乙酯,振荡使黏稠液体全部溶解。抽滤除掉不溶物,然后继续旋蒸,得到褐色黏稠状产物 1-丁基-4-氨基-1,2,4-三唑六亚硝基钴,密封干燥储存。

3. 产物表征

采用 Bruker AVANCE 500 超导傅里叶数字化核磁共振谱仪进行 ^{1}H NMR 表征。测试条件为:氘代氯仿(CDCl$_3$)为溶剂,四甲基硅烷(TMS)为内标物。

采用北京瑞利 WQF-510A 傅里叶变换红外光谱仪进行结构表征。采用 KBr 压片法制样,扫描范围为 4 000~400 cm^{-1},扫描次数为 16 次。

4. 实验结论

1-丁基-4-氨基-1,2,4-三唑六亚硝基钴是一种新型的含能离子液体。核磁共振光谱和傅里叶红外光谱分析表明,成功制备了 1-丁基-4-氨基-1,2,4-三唑六亚硝基钴含能离子液体。

5. 注意事项

(1)在对粗产物进行旋蒸之前必须先用溶剂进行旋蒸,以排净旋转蒸发仪中的杂质气体。

(2)在第二次对 1-丁基-4-氨基-1,2,4-三唑六亚硝基钴粗产物进行减压抽滤之前要先用蒸馏水清洗并烘干砂芯漏斗,然后用乙酸乙酯进行润洗。

实验二十四　乙酰二茂铁的超声波辅助 合成及产物专一性研究*

(一)实验目的

(1)掌握 Fridel-Crafts 反应合成乙酰二茂铁的反应机理和方法;

(2)熟悉超声波在合成实验中的应用以及对产率和反应专一性的影响;

(3)掌握薄层色谱监测反应进程以及萃取法作为提纯手段的原理和应用;

(4)熟悉熔点仪的使用及红外光谱在化合物结构表征中的应用。

(二)实验原理

二茂铁又名双环戊二烯基铁,自 1951 年由 Kealy 和 Pauson 合成以来,二茂铁及其衍生物的研究一直方兴未艾。由于二茂铁具有两个茂环,这两个茂环都可以进行酰基化反应,得到乙酰二茂铁或 1,1′-二乙酰二茂铁。与苯的亲电反应相似,乙酰基对茂环也有致钝作用,当一乙酰化后,另一个乙酰基将酰化在不同的茂环上,生成二乙酰二茂铁。因此,二茂铁的乙酰化反应常常得到混合物。

本实验以乙酸氯为酰化剂、锌粉为催化剂合成乙酰二茂铁。在锌粉和超声波的共同作用下,乙酸氯首先生成酰基正离子,然后和富电的茂环发生 Fridel-Crafts 酰基化反应,生成乙酰

---

* 本实验获得 2019 年卓越联盟大学生化学新实验设计竞赛参赛二等奖,指导教师为管萍,参赛学生为张海天、林予涵和熊果。

二茂铁。该方法产物专一性高,避免使用管制性反应物醋酸酐,减少对环境的污染,反应时间短,条件温和,操作方便。反应方程式如下:

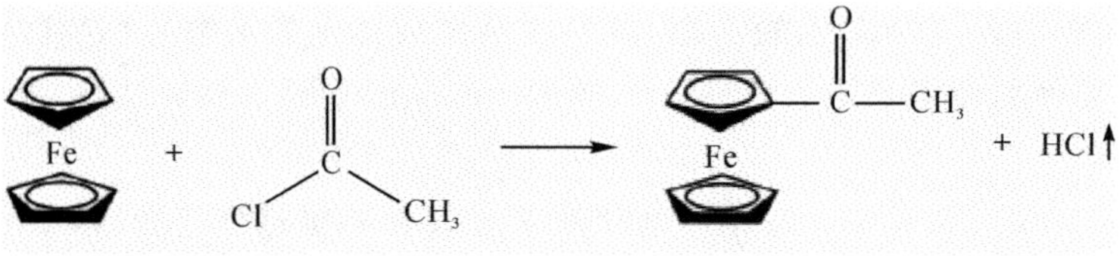

(三)实验仪器和试剂

1. 实验仪器

表 4-13 为实验所需主要仪器及设备。

表 4-13 实验所需主要仪器及设备

仪器名称	规格	单位	数量
三口烧瓶	150 mL	个	1
圆底烧瓶	100 mL	个	1
干燥管		个	1
球形冷凝管	19 口	支	1
冷凝管	300 mm	个	1
玻璃塞	24 口	个	2
超声波清洗器		台	1
恒压滴液漏斗	100 mL	支	1
分液漏斗	250 mL	个	1
磨口锥形瓶	100 mL	个	2
锥形瓶	150 mL	个	1
表面皿		个	1
量筒	100 mL	个	1
量筒	10 mL	个	1
布氏漏斗		个	1
三角漏斗		个	1
玻璃棒		根	1
药匙		个	3
循环水真空泵		台	1
电子天平		台	1
抽滤瓶		个	1

仪器名称	规格	单位	数量
电加热套		台	1
硅胶管		条	2
升降台		个	1
红外光谱仪		台	1
温度计套管	14 口	个	1
烧杯	500 mL	个	3
毛细管		支	3
载玻片		片	3
水浴锅		个	1
尾接管		个	1
直形冷凝管		个	1
蒸馏头		个	1
温度计		支	1
研钵		个	1
封口玻璃毛细管	内径 1 mm	支	3
显微熔点测定仪	WRX-4	台	1

2. 实验试剂

表 4-14 为实验所需试剂。

表 4-14 实验所需试剂

试剂名称	级别	用量
二茂铁	98%	1.86 g
乙酰氯	99%	5.8 mL
锌粉	A.R.	3.2 g
二氯甲烷	A.R.	
饱和碳酸钠	A.R.	
无水氯化钙	A.R.	
无水硫酸钠	A.R.	
展开剂[V(石油醚):V(乙酸乙酯)=10:1]	自制	11 mL

（四）实验内容

1. 乙酰二茂铁的合成

在 150 mL 干燥的三口烧瓶中,加入 1.86 g(0.01 mol)二茂铁和 30 mL 二氯甲烷,安装球形冷凝管、无水氯化钙的干燥管及恒压滴液漏斗。固定反应装置,置于超声波清洗器中,设定温度为 40 ℃,使烧瓶内二茂铁完全溶解。

称量 3.2 g(0.05 mol)锌粉,加入三口烧瓶中。在恒压滴液漏斗中加入 5.8 mL(0.08 mol)乙酰氯。设定超声功率为 100%。打开恒压滴液漏斗滴加乙酰氯,滴加速度为每 1 滴 2 s。采用薄层色谱监控反应进行的程度,分别于反应开始前、反应 15 min 和 30 min 时吸取反应液进行色谱分析,其中黄色斑点为二茂铁,橙色斑点为乙酰二茂铁,粉色斑点为二乙酰二茂铁。

反应结束后,将反应液倒入 150 mL 锥形瓶中,并分别用 10 mL 二氯甲烷洗涤三口烧瓶多次,且将洗涤液并入锥形瓶中。量取 40 mL 饱和碳酸钠溶液加入上述锥形瓶中,振荡,至无气泡冒出为止。将其倾入分液漏斗,静置分层,取下层有机层,并再次以该方法洗涤有机层至中性。

将有机层转移至 100 mL 圆底烧瓶中,加入搅拌子进行蒸馏,收集 36～40 ℃的馏分。当瓶内液体 5～10 mL 时,停止加热,将瓶内液体转移至 500 mL 烧杯中。用少量二氯甲烷洗涤圆底烧瓶,并将洗液并入 500 mL 烧杯中,溶剂自然挥发晾干,杯底有深红色固体。

往上述烧杯中加入热水并加热搅拌,使有机物固体全部溶解,趁热过滤。将滤液置于冷水中冷却。将滤液倒入分液漏斗中,加入一定量的二氯甲烷洗涤,振荡摇匀,并注意及时打开旋塞,放出气体。分去下面水层,将有机层从上口倒入 100 mL 锥形瓶中。加入 3～5 g 无水硫酸钠,干燥 20 min。然后用三角抽滤漏斗抽滤至 50 mL 圆底烧瓶中,加入搅拌子进行蒸馏,收集 36～40 ℃的馏分。当瓶内残液 5～10 mL 时,将其转移至蒸发皿中,再用少量二氯甲烷洗涤圆底烧瓶,并入蒸发皿中,自然挥干,得到橙色粉末状乙酰二茂铁。称重并计算产率。

2. 乙酰二茂铁的表征

采用薄层色谱分析所合成的乙酰二茂铁是否含有杂质。

采用 WRX-4 显微熔点测定仪测定所合成乙酰二茂铁的熔点(乙酰二茂铁熔点为 81～83 ℃)。采用傅里叶红外光谱、核磁共振谱仪对乙酰二茂铁进行化学结构表征。

3. 实验结论

本实验在超声波辅助下,以二氯甲烷为溶剂、乙酰氯为酰基化试剂、锌粉为催化剂,二茂铁、乙酰氯、锌粉摩尔比为 1∶8∶5,反应温度为 40 ℃,超声反应时间为 30 min,超声频率为 40 kHz 时,可专一性地乙酰二茂铁,产率达到 28.7%。核磁共振氢谱、红外光谱、薄层色谱和熔点测定结果表明,该方法能获得纯度较高、色泽良好的乙酰二茂铁,无副产物二乙酰二茂铁等杂质生成。通过超声波辅助合成,实验时间由常规的 16～20 h 缩短至 8 h 以内,大大提高了反应效率。

第五部分 附　　录

附录 A　常用元素相对原子质量表

原子序数	元素符号	元素名称		相对原子质量	原子序数	元素符号	元素名称		相对原子质量
1	H	氢	Hydrogen	1.008	24	Cr	铬	Chromium	52.00
2	He	氦	Helium	4.003	25	Mn	锰	Manganese	54.94
3	Li	锂	Lithium	6.941	26	Fe	铁	Iron	55.845
4	Be	铍	Beryllium	9.012	27	Co	钴	Cobalt	58.93
5	B	硼	Boron	10.81	28	Ni	镍	Nickel	58.69
6	C	碳	Carbon	12.01	29	Cu	铜	Copper	63.55
7	N	氮	Nitrogen	14.007	30	Zn	锌	Zinc	65.39
8	O	氧	Oxygen	15.999	31	Ga	镓	Gallium	69.72
9	F	氟	Fluorine	18.998	32	Ge	锗	Germanium	72.61
10	Ne	氖	Neon	20.18	33	As	砷	Arsenic	74.92
11	Na	钠	Sodium	22.99	34	Se	硒	Selenium	78.96
12	Mg	镁	Magnesium		35	Br	溴	Bromine	79.90
13	Al	铝	Aluminum	26.98	36	Kr	氪	Krypton	83.80
14	Si	硅	Silicon	28.09	37	Rb	铷	Rubidium	85.47
15	P	磷	Phosphorus	30.97	38	Sr	锶	Strontium	87.62
16	S	硫	Sulfur	32.07	39	Y	钇	Yttrium	88.91
17	Cl	氯	Chlorine	35.45	40	Zr	锆	Zirconium	91.22
18	Ar	氩	Argon	39.95	41	Nb	铌	Niobium	92.91
19	K	钾	Potassium	39.10	42	Mo	钼	Molybdenum	95.94
20	Ca	钙	Calcium	40.08	43	^{99}Tc	锝	Technetium	98.9
21	Sc	钪	Scandium	44.96	44	Ru	钌	Ruthenium	101.1
22	Ti	钛	Titanium	47.87	45	Rh	铑	Rhodium	102.9
23	V	钒	Vanadium	50.94	46	Pd	钯	Palladium	106.4

原子序数	元素符号	元素名称		相对原子质量	原子序数	元素符号	元素名称		相对原子质量
47	Ag	银	Silver	107.9	64	Gd	钆	Gadolinium	157.3
48	Cd	镉	Cadmium	112.4	65	Tb	铽	Terbium	158.9
49	In	铟	Indium	114.8	66	Dy	镝	Dysprosium	162.5
50	Sn	锡	Tin	118.7	67	Ho	钬	Holmium	164.9
51	Sb	锑	Antimony	121.8	68	Er	铒	Erbium	167.3
52	Te	碲	Tellurium	127.6	69	Tm	铥	Thulium	168.9
53	I	碘	Iodine	126.9	70	Yb	镱	Ytterbium	173.0
54	Xe	氙	Xenon	131.3	71	Lu	镥	Lutetium	175.0
55	Cs	铯	Cesium	132.9	72	Hf	铪	Hafnium	178.5
56	Ba	钡	Barium	137.3	73	Ta	钽	Tantalum	180.9
57	La	镧	Lanthanum	138.9	74	W	钨	Tungsten	183.8
58	Ce	铈	Cerium	140.1	75	Re	铼	Rhenium	186.2
59	Pr	镨	Praseodymium	140.9	76	Os	锇	Osmium	190.2
60	Nd	钕	Niobium	144.2	77	Ir	铱	Iridium	192.2
61	145Pm	钷	Promethium	144.9	78	Pt	铂	Platinum	195.1
62	Sm	钐	Samarium	150.4	79	Au	金	Gold	197.0
63	Eu	铕	Europium	152.0	80	Hg	汞	Mercury	200.6

附录 B 乙醇密度与质量百分数、体积百分数对照表（20 ℃）

液体密度/(g·cm⁻³)	乙醇			液体密度/(g·cm⁻³)	乙醇		
	vol%	wt%	100 mL 中的质量/g		vol%	wt%	100 mL 中的质量/g
0.995 28	2.00	1.59	1.58	0.926 17	52.00	44.31	41.05
0.992 43	4.00	3.18	3.16	0.922 09	54.00	46.23	42.62
0.989 73	6.00	4.78	4.74	0.917 89	56.00	48.16	44.20
0.987 18	8.00	6.40	6.32	0.913 59	58.00	50.11	45.78
0.984 76	10.00	8.02	7.89	0.909 15	60.00	52.09	47.36
0.982 38	12.00	9.64	9.47	0.904 63	62.00	54.10	48.94

续附录 B

液体密度/ (g·cm⁻³)	乙醇			液体密度/ (g·cm⁻³)	乙醇		
	vol%	wt%	100 mL 中的质量/g		vol%	wt%	100 mL 中的质量/g
0.980 09	14.00	11.28	11.05	0.900 01	64.00	56.13	50.52
0.977 86	16.00	12.98	12.63	0.895 31	66.00	58.19	52.10
0.975 70	18.00	14.56	14.21	0.890 50	68.00	60.28	53.68
0.973 59	20.00	16.21	15.77	0.885 58	70.00	62.39	55.25
0.971 45	22.00	17.88	17.37	0.880 56	72.00	54.54	56.83
0.969 25	24.00	19.55	18.94	0.875 42	74.00	66.72	58.41
0.966 99	26.00	21.22	20.52	0.870 19	76.00	68.94	59.99
0.964 56	28.00	22.91	22.10	0.864 80	78.00	71.19	61.57
0.962 24	30.00	24.61	23.68	0.859 28	80.00	73.49	63.15
0.959 72	32.00	26.32	25.26	0.853 64	82.00	75.82	64.73
0.957 03	34.00	28.04	26.84	0.847 86	84.00	78.20	66.30
0.954 19	36.00	29.78	28.42	0.841 88	86.00	80.63	67.88
0.951 20	38.00	31.53	29.99	0.835 69	88.00	83.12	69.46
0.948 05	40.00	33.30	31.57	0.829 25	90.00	85.67	71.04
0.944 77	42.00	35.09	33.15	0.822 46	92.00	88.29	72.62
0.941 35	44.00	36.89	34.73	0.815 26	94.00	91.01	74.20
0.937 76	46.00	38.72	36.31	0.807 49	96.00	93.84	75.78
0.934 04	48.00	40.56	37.89	0.799 00	98.00	96.82	77.36
0.930 17	50.00	42.43	39.47	0.789 34	100.00	100.00	78.93

注:vol%代表体积百分数,wt%代表质量百分数。

附录 C 常用有机化合物的物理常数

试剂名称	分子式	相对分子质量	外观	熔点/℃	沸点/℃	相对密度/ (g·cm⁻³)
乙酰苯胺	C_8H_9NO	135.17	白色结晶性粉末	114	305	1.21
苯甲酸 (安息香酸)	$C_7H_6O_2$	122.12	白色针状或鳞片状结晶	122.4	249	1.27

续附录 C

试剂名称	分子式	相对分子质量	外观	熔点/℃	沸点/℃	相对密度/$(g \cdot cm^{-3})$
尿素（脲）	CH_4ON_2	60.06	无色或白色针状或棒状结晶	132.7	160（分解）	1.34
丙酮	C_3H_6O	58.08	无色透明液体	−94.7	56.05	0.78
异丙醇	C_3H_8O	60.06	无色透明液体	−87.9	82.45	0.79
乙醇	CH_3CH_2OH	46.07	无色透明液体	−117.3	78.4	0.79
溴化钠	$NaBr$	102.89	白色颗粒状粉末	755	1 930	2.176
浓硫酸	H_2SO_4	98.04	无色透明液体	10.38	340（分解）	1.83
溴乙烷	CH_3CH_2Br	108.97	无色透明液体	−118.6	38.4	1.46
乙醚	$CH_3CH_2OCH_2CH_3$	74.12	无色透明液体	−116	34.6	0.71
乙烯	CH_2CH_2	28.06	无色气体	−169	−103.7	—
乙醛	CH_3CHO	44.05	无色透明液体	−121	−20.8	0.78
乙酸	CH_3COOH	60.05	无色透明液体	16.6	117.9	1.05
正丁醇	$C_4H_{10}O$	74.12	无色透明液体	−90.2	117.7	0.81
正丁醚	$C_8H_{18}O$	130.23	无色透明液体	−98	142	0.77
丁烯	C_4H_8	56.10	无色气体	—	−6.90	0.595
苯胺	$C_6H_5NH_2$	93.13	无色油状液体	−6.3	184	1.02
环己醇	$C_6H_{11}OH$	100.16	无色透明油状液体或白色针状结晶	25.2	160.9	0.96
次氯酸钠	$NaClO$	74.44	白色结晶性粉末或水溶液	—	—	1.21
环己酮	$C_6H_{10}O$	98.14	无色透明液体	−16.4	155.7	0.95
乙酸乙酯	$CH_3COOCH_2CH_3$	88.11	无色透明液体	−83.6	77.2	0.90
苯甲醛	C_6H_5CHO	106.12	无色液体	−26	179	1.044
乙酸酐	$(CH_3CO)_2O$	102.08	无色透明液体	−73	139	1.082
肉桂酸	$C_9H_8O_2$	148.17	无色针状晶体或白色结晶粉末	133	300	1.245
碳酸钾	K_2CO_3	138.21	白色结晶性粉末	891	—	2.43
二苯乙醇酮（安息香）	$C_{14}H_{12}O_2$	212.25	白色或淡黄色柱状结晶	137	344	1.310
对乙酰氨基酚	$C_8H_9NO_2$	151.16	白色结晶或结晶性粉末	168	—	1.293

附录 D 常用有机溶剂极性

溶剂	极性	黏度(20 ℃)	沸点/℃	紫外吸收峰/nm
戊烷	0.00	—	30	—
戊烷	0.00	0.23	36	210
石油醚	0.01	0.30	30 - 60	210
己烷	0.06	0.33	69	210
环己烷	0.10	1.00	81	210
异辛烷	0.10	0.53	99	210
三氟乙酸	0.10		72	—
三甲基戊烷	0.10	0.47	99	215
环戊烷	0.20	0.47	49	210
庚烷	0.20	0.41	98	200
丁基氯；丁酰氯	1.00	0.46	49	220
三氟乙烯(乙炔化三氯)	1.00	0.57	98	273
四氯化碳	1.60	0.97	78	265
三氯三氟代乙烷	1.90	0.71	87	231
丙基醚(丙醚)	2.40	0.37	48	220
甲苯	2.40	0.59	68	285
对二甲苯	2.50	0.65	111	290
氯苯	2.70	0.80	138	—
邻二氯苯	2.70	1.33	132	295
二乙醚(乙醚)	2.90	0.23	180	220
苯	3.00	0.65	80	280
异丁醇	3.00	4.70	108	220
二氯甲烷	3.40	0.44	40	245
二氯化乙烯	3.50	0.79	84	228
丁醇	3.90	2.95	117	210
醋酸丁酯	4.00	—	126	254
丙醇	4.00	2.27	98	210

溶剂	极性	黏度(20 ℃)	沸点/℃	紫外吸收峰/nm
甲基异丁基酮	4.20	—	119	330
四氢呋喃	4.20	0.55	66	220
乙醇	4.30	1.20	79	210
乙酸乙酯	4.30	0.45	77	260
丙醇	4.30	2.37	82	210
氯仿	4.40	0.57	61	245
甲基乙基酮	4.50	0.43	80	330
二烷(二氧六环)	4.80	1.54	102	220
吡啶	5.30	0.97	115	305
丙酮	5.40	0.32	57	330
硝基甲烷	6.00	0.67	101	380
乙酸	6.20	1.28	118	230
乙腈	6.20	0.37	82	210
苯胺	6.30	4.40	184	—
二甲基甲酰胺	6.40	0.92	153	270
甲醇	6.60	0.60	65	210
乙二醇	6.90	19.90	197	210
二甲基亚砜	7.20	2.24	189	268
水	10.20	1.00	100	268

附录 E　易制爆危险化学品名录(2017 版)

中华人民共和国公安部公告

根据《危险化学品安全管理条例》(国务院令第 591 号)第 23 条规定,公安部编制了《易制爆危险化学品名录》(2017 年版),现予以公布。

公安部

2017 年 5 月 11 日

易制爆危险化学品名录(2017 年版)

序号	品名	别名	CAS 号	主要的燃爆危险性分类
1 酸类				
1.1	硝酸		7697－37－2	氧化性液体,类别 3
1.2	发烟硝酸		52583－42－3	氧化性液体,类别 1
1.3	高氯酸(浓度＞72％)	过氯酸	7601－90－3	氧化性液体,类别 1
	高氯酸(浓度 50％～72％)			氧化性液体,类别 1
	高氯酸(浓度＜50％)			氧化性液体,类别 2
2 硝酸盐类				
2.1	硝酸钠		7631－99－4	氧化性固体,类别 3
2.2	硝酸钾		7757－79－1	氧化性固体,类别 3
2.3	硝酸铯		7789－18－6	氧化性固体,类别 3
2.4	硝酸镁		10377－60－3	氧化性固体,类别 3
2.5	硝酸钙		10124－37－5	氧化性固体,类别 3
2.6	硝酸锶		10042－76－9	氧化性固体,类别 3
2.7	硝酸钡		10022－31－8	氧化性固体,类别 2
2.8	硝酸镍	二硝酸镍	13138－45－9	氧化性固体,类别 2
2.9	硝酸银		7761－88－8	氧化性固体,类别 2
2.10	硝酸锌		7779－88－6	氧化性固体,类别 2
2.11	硝酸铅		10099－74－8	氧化性固体,类别 2
3 氯酸盐类				
3.1	氯酸钠		7775－09－9	氧化性固体,类别 1
	氯酸钠溶液			氧化性液体,类别 3＊
3.2	氯酸钾		3811－04－9	氧化性固体,类别 1
	氯酸钾溶液			氧化性液体,类别 3＊
3.3	氯酸铵		10192－29－7	爆炸物,不稳定爆炸物
4 高氯酸盐类				
4.1	高氯酸锂	过氯酸锂	7791－03－9	氧化性固体,类别 2
4.2	高氯酸钠	过氯酸钠	7601－89－0	氧化性固体,类别 1
4.3	高氯酸钾	过氯酸钾	7778－74－7	氧化性固体,类别 1
4.4	高氯酸铵	过氯酸铵	7790－98－9	爆炸物,1.1 项 氧化性固体,类别 1

序号	品名	别名	CAS 号	主要的燃爆危险性分类
5 重铬酸盐类				
5.1	重铬酸锂		13843－81－7	氧化性固体,类别2
5.2	重铬酸钠	红矾钠	10588－01－9	氧化性固体,类别2
5.3	重铬酸钾	红矾钾	7778－50－9	氧化性固体,类别2
5.4	重铬酸铵	红矾铵	7789－09－5	氧化性固体,类别2*
6 过氧化物和超氧化物类				
6.1	过氧化氢溶液(含量>8%)	双氧水	7722－84－1	(1)含量≥60%氧化性液体,类别1 (2)20%≤含量<60% 氧化性液体,类别2 (3)8%≤含量<20% 氧化性液体,类别3
6.2	过氧化锂	二氧化锂	12031－80－0	氧化性固体,类别2
6.3	过氧化钠	双氧化钠、二氧化钠	1313－60－6	氧化性固体,类别1
6.4	过氧化钾	二氧化钾	17014－71－0	氧化性固体,类别1
6.5	过氧化镁	二氧化镁	1335－26－8	氧化性液体,类别2
6.6	过氧化钙	二氧化钙	1305－79－9	氧化性固体,类别2
6.7	过氧化锶	二氧化锶	1314－18－7	氧化性固体,类别2
6.8	过氧化钡	二氧化钡	1304－29－6	氧化性固体,类别2
6.9	过氧化锌	二氧化锌	1314－22－3	氧化性固体,类别2
6.10	过氧化脲	过氧化氢尿素、过氧化氢脲	124－43－6	氧化性固体,类别3
6.11	过乙酸(含量≤16%,含水≥39%,含乙酸≥15%,含过氧化氢≤24%,含有稳定剂)	过醋酸、过氧乙酸、乙酰过氧化氢	79－21－0	有机过氧化物 F 型
	过乙酸(含量≤43%,含水≥5%,含乙酸≥35%,含过氧化氢≤6%,含有稳定剂)			易燃液体,类别3 有机过氧化物,D 型
6.12	过氧化二异丙苯(52%<含量≤100%)	二枯基过氧化物、硫化剂 DCP	80－43－3	有机过氧化物,F 型
6.13	过氧化氢苯甲酰	过苯甲酸	93－59－4	有机过氧化物,C 型
6.14	超氧化钠		12034－12－7	氧化性固体,类别1
6.15	超氧化钾		12030－88－5	氧化性固体,类别1

序号	品名	别名	CAS 号	主要的燃爆危险性分类
7 易燃物还原剂类				
7.1	锂	金属锂	7439－93－2	遇水放出易燃气体的物质和混合物，类别1
7.2	钠	金属钠	7440－23－5	遇水放出易燃气体物质和混合物，类别1
7.3	钾	金属钾	7440－09－7	遇水放出易燃气体的物质和混合物，类别1
7.4	镁		7439－95－4	(1)粉末：自热物质和混合物，类别1 遇水放出易燃气体的物质和混合物，类别2 (2)丸状、旋屑或带状易燃固体，类别2
7.5	镁铝粉	镁铝合金粉		遇水放出易燃气体的物质和混合物，类别2 自热物质和混合物，类别1
7.6	铝粉		7429－90－5	(1)有涂层：易燃固体，类别1 (2)无涂层：遇水放出易燃气体的物质和混合物，类别2
7.7	硅铝 硅铝粉		57485－31－1	遇水放出易燃气体的物质和混合物，类别3
7.8	硫磺	硫	7704－34－9	易燃固体，类别2
7.9	锌尘		7440－66－6	自热物质和混合物，类别1；遇水放出易燃气体的物质和混合物，类别1
	锌粉			自热物质和混合物，类别1；遇水放出易燃气体的物质和混合物，类别1
	锌灰			遇水放出易燃气体的物质和混合物，类别3
7.9	金属锆		7440－67－7	易燃固体，类别2
	金属锆粉	锆粉		自燃固体，类别1，遇水放出易燃气体的物质和混合物，类别1

序号	品名	别名	CAS 号	主要的燃爆危险性分类
7.11	六亚甲基四胺	六甲撑四胺、乌洛托品	100－97－0	易燃固体,类别 2
7.12	1,2-乙二胺	1,2-二氨基乙烷、乙撑二胺	107－15－3	易燃液体,类别 3
7.13	一甲胺(无水)	氨基甲烷、甲胺	74－89－5	易燃气体,类别 1
	一甲胺溶液	氨基甲烷溶液、甲胺溶液		易燃液体,类别 1
7.14	硼氢化锂	氢硼化锂	16949－15－8	遇水放出易燃气体的物质和混合物,类别 1
7.15	硼氢化钠	氢硼化钠	16940－66－2	遇水放出易燃气体的物质和混合物,类别 1
7.16	硼氢化钾	氢硼化钾	13762－51－1	遇水放出易燃气体的物质和混合物,类别 1

8 硝基化合物类

序号	品名	别名	CAS 号	主要的燃爆危险性分类
8.1	硝基甲烷		75－52－5	易燃液体,类别 3
8.2	硝基乙烷		79－24－3	易燃液体,类别 3
8.3	2,4-二硝基甲苯		121－14－2	
8.4	2,6-二硝基甲苯		606－20－2	
8.5	1,5-二硝基萘		605－71－0	易燃固体,类别 1
8.6	1,8-二硝基萘		602－38－0	易燃固体,类别 1
8.7	二硝基苯酚(干的或含水<15%)		25550－58－7	爆炸物,1.1 项
	二硝基苯酚溶液			
8.8	1-羟基-2,4-二硝基苯		51－28－5	易燃固体,类别 1
8.9	2,5-二硝基苯酚(含水≥15%)		329－71－5	易燃固体,类别 1
8.10	2,6-二硝基苯酚(含水≥15%)		573－56－8	易燃固体,类别 1
8.11	2,4-二硝基苯酚钠		1011－73－0	爆炸物,1.3 项

序号	品名	别名	CAS 号	主要的燃爆危险性分类
9 其他				
9.1	硝化纤维素[干的或含水(或乙醇)<25%]	硝化棉	9004－70－0	爆炸物,1.1 项
	硝化纤维素(含氮≤12.6%,含乙醇≥25%)			易燃固体,类别 1
	硝化纤维素(含氮≤12.6%)			易燃固体,类别 1
	硝化纤维素(含水≥25%)			易燃固体,类别 1
	硝化纤维素(含乙醇≥25%)			爆炸物,1.3 项
	硝化纤维素(未改型的,或增塑的,含增塑剂<18%)			爆炸物,1.1 项
	硝化纤维素溶液(含氮量≤12.6%,含 硝化纤维素≤55%)	硝化棉溶液		易燃液体,类别 2
9.2	4,6-二硝基-2-氨基苯酚钠	苦氨酸钠	831－52－7	爆炸物,1.3 项
9.3	高锰酸钾	过锰酸钾、灰锰氧	7722－64－7	氧化性固体,类别 2
9.4	高锰酸钠	过锰酸钠	10101－50－5	氧化性固体,类别 2
9.5	硝酸胍	硝酸亚氨脲	506－93－4	氧化性固体,类别 3
9.6	水合肼	水合联氨	10217－52－4	
9.7	2,2-双(羟甲基)1,3-丙二醇	季戊四醇、四羟甲基甲烷	115－77－5	

1.各栏目的含义:

序号:《易制爆危险化学品名录》(2017 年版)中化学品的顺序号。

品名:根据《化学命名原则》(1980 年版)确定的名称。

别名:除"品名"以外的其他名称,包括通用名、俗名等。

CAS 号:Chemical Abstract Service 的缩写,是美国化学文摘社对化学品的唯一登记号,是检索化学物质有关信息资料最常用的编号。

主要的燃爆危险性分类:根据《化学品分类和标签规范》系列标准(GB 30000.2～GB 30000.29—2013)等国家标准,对某种化学品燃烧爆炸危险性进行的分类。

2.除列明的条目外,无机盐类同时包括无水和含有结晶水的化合物。

3.混合物之外无含量说明的条目,是指该条目的工业产品或者纯度高于工业产品的化学品。

4.标记"＊"的类别,是指在有充分依据的条件下,该化学品可以采用更严格的类别。

附录 F 易制毒化学品管理条例

发文号:国务院令第 445 号

发布单位:中华人民共和国国务院

发布日期:2005 - 08 - 26

实施日期:2005 - 11 - 01

根据 2014 年 7 月 29 日《国务院关于修改部分行政法规的决定》第一次修正。

根据 2016 年 2 月 6 日《国务院关于修改部分行政法规的决定》第二次修正。

根据 2018 年 9 月 18 日《国务院关于修改部分行政法规的决定》第三次修正。

第一章 总则

第一条 为了加强易制毒化学品管理,规范易制毒化学品的生产、经营、购买、运输和进口、出口行为,防止易制毒化学品被用于制造毒品,维护经济和社会秩序,制定本条例。

第二条 国家对易制毒化学品的生产、经营、购买、运输和进口、出口实行分类管理和许可制度。易制毒化学品分为三类。第一类是可以用于制毒的主要原料,第二类、第三类是可以用于制毒的化学配剂。易制毒化学品的具体分类和品种,由本条例附表列示。

易制毒化学品的分类和品种需要调整的,由国务院公安部门会同国务院药品监督管理部门、安全生产监督管理部门、商务主管部门、卫生主管部门和海关总署提出方案,报国务院批准。

省、自治区、直辖市人民政府认为有必要在本行政区域内调整分类或者增加本条例规定以外的品种的,应当向国务院公安部门提出,由国务院公安部门会同国务院有关行政主管部门提出方案,报国务院批准。

第三条 国务院公安部门、药品监督管理部门、安全生产监督管理部门、商务主管部门、卫生主管部门、海关总署、价格主管部门、铁路主管部门、交通主管部门、市场监督管理部门、生态环境主管部门在各自的职责范围内,负责全国的易制毒化学品有关管理工作;县级以上地方各级人民政府有关行政主管部门在各自的职责范围内,负责本行政区域内的易制毒化学品有关管理工作。

县级以上地方各级人民政府应当加强对易制毒化学品管理工作的领导,及时协调解决易制毒化学品管理工作中的问题。

第四条 易制毒化学品的产品包装和使用说明书,应当标明产品的名称(含学名和通用名)、化学分子式和成分。

第五条 易制毒化学品的生产、经营、购买、运输和进口、出口,除应当遵守本条例的规定外,属于药品和危险化学品的,还应当遵守法律、其他行政法规对药品和危险化学品的有关规定。

禁止走私或者非法生产、经营、购买、转让、运输易制毒化学品。禁止使用现金或者实物进行易制毒化学品交易。但是,个人合法购买第一类中的药品类易制毒化学品药品制剂和第三类易制毒化学品的除外。

生产、经营、购买、运输和进口、出口易制毒化学品的单位,应当建立单位内部易制毒化学品管理制度。

第六条　国家鼓励向公安机关等有关行政主管部门举报涉及易制毒化学品的违法行为。接到举报的部门应当为举报者保密。对举报属实的,县级以上人民政府及有关行政主管部门应当给予奖励。

第二章　生产、经营管理

第七条　申请生产第一类易制毒化学品,应当具备下列条件,并经本条例第八条规定的行政主管部门审批,取得生产许可证后,方可进行生产:

(一)属依法登记的化工产品生产企业或者药品生产企业;

(二)有符合国家标准的生产设备、仓储设施和污染物处理设施;

(三)有严格的安全生产管理制度和环境突发事件应急预案;

(四)企业法定代表人和技术、管理人员具有安全生产和易制毒化学品的有关知识,无毒品犯罪记录;

(五)法律、法规、规章规定的其他条件。

申请生产第一类中的药品类易制毒化学品,还应当在仓储场所等重点区域设置电视监控设施以及与公安机关联网的报警装置。

第八条　申请生产第一类中的药品类易制毒化学品的,由省、自治区、直辖市人民政府药品监督管理部门审批;申请生产第一类中的非药品类易制毒化学品的,由省、自治区、直辖市人民政府安全生产监督管理部门审批。前款规定的行政主管部门应当自收到申请之日起 60 日内,对申请人提交的申请材料进行审查。对符合规定的,发给生产许可证,或者在企业已经取得的有关生产许可证件上标注;不予许可的,应当书面说明理由。

审查第一类易制毒化学品生产许可申请材料时,根据需要,可以进行实地核查和专家评审。

第九条　申请经营第一类易制毒化学品,应当具备下列条件,并经本条例第十条规定的行政主管部门审批,取得经营许可证后,方可进行经营:

(一)属依法登记的化工产品经营企业或者药品经营企业;

(二)有符合国家规定的经营场所,需要储存、保管易制毒化学品的,还应当有符合国家技术标准的仓储设施;

(三)有易制毒化学品的经营管理制度和健全的销售网络;

(四)企业法定代表人和销售、管理人员具有易制毒化学品的有关知识,无毒品犯罪记录;

(五)法律、法规、规章规定的其他条件。

第十条　申请经营第一类中的药品类易制毒化学品的,由省、自治区、直辖市人民政府药品监督管理部门审批;申请经营第一类中的非药品类易制毒化学品的,由省、自治区、直辖市人民政府安全生产监督管理部门审批。

前款规定的行政主管部门应当自收到申请之日起 30 日内,对申请人提交的申请材料进行审查。对符合规定的,发给经营许可证,或者在企业已经取得的有关经营许可证件上标注;不予许可的,应当书面说明理由。

审查第一类易制毒化学品经营许可申请材料时,根据需要,可以进行实地核查。

第十一条　取得第一类易制毒化学品生产许可或者依照本条例第十三条第一款规定已经履行第二类、第三类易制毒化学品备案手续的生产企业,可以经销自产的易制毒化学品。但是,在厂外设立销售网点经销第一类易制毒化学品的,应当依照本条例的规定取得经营许可。

第一类中的药品类易制毒化学品药品单方制剂,由麻醉药品定点经营企业经销,且不得零售。

第十二条　取得第一类易制毒化学品生产、经营许可的企业,应当凭生产、经营许可证到市场监督管理部门办理经营范围变更登记。未经变更登记,不得进行第一类易制毒化学品的生产、经营。

第一类易制毒化学品生产、经营许可证被依法吊销的,行政主管部门应当自作出吊销决定之日起 5 日内通知市场监督管理部门;被吊销许可证的企业,应当及时到市场监督管理部门办理经营范围变更或者企业注销登记。

第十三条　生产第二类、第三类易制毒化学品的,应当自生产之日起 30 日内,将生产的品种、数量等情况,向所在地的设区的市级人民政府安全生产监督管理部门备案。

经营第二类易制毒化学品的,应当自经营之日起 30 日内,将经营的品种、数量、主要流向等情况,向所在地的设区的市级人民政府安全生产监督管理部门备案;经营第三类易制毒化学品的,应当自经营之日起 30 日内,将经营的品种、数量、主要流向等情况,向所在地的县级人民政府安全生产监督管理部门备案。

前两款规定的行政主管部门应当于收到备案材料的当日发给备案证明。

第三章　购买管理

第十四条　申请购买第一类易制毒化学品,应当提交下列证件,经本条例第十五条规定的行政主管部门审批,取得购买许可证:

(一)经营企业提交企业营业执照和合法使用需要证明;

(二)其他组织提交登记证书(成立批准文件)和合法使用需要证明。

第十五条　申请购买第一类中的药品类易制毒化学品的,由所在地的省、自治区、直辖市人民政府药品监督管理部门审批;申请购买第一类中的非药品类易制毒化学品的,由所在地的省、自治区、

前款规定的行政主管部门应当自收到申请之日起 10 日内,对申请人提交的申请材料和证件进行审查。对符合规定的,发给购买许可证;不予许可的,应当书面说明理由。

审查第一类易制毒化学品购买许可申请材料时,根据需要,可以进行实地核查。

第十六条　持有麻醉药品、第一类精神药品购买印鉴卡的医疗机构购买第一类中的药品类易制毒化学品的,无须申请第一类易制毒化学品购买许可证。

个人不得购买第一类、第二类易制毒化学品。

第十七条　购买第二类、第三类易制毒化学品的,应当在购买前将所需购买的品种、数量,向所在地的县级人民政府公安机关备案。个人自用购买少量高锰酸钾的,无须备案。

第十八条　经营单位销售第一类易制毒化学品时,应当查验购买许可证和经办人的身份证明。对委托代购的,还应当查验购买人持有的委托文书。

经营单位在查验无误、留存上述证明材料的复印件后,方可出售第一类易制毒化学品;发现可疑情况的,应当立即向当地公安机关报告。

第十九条　经营单位应当建立易制毒化学品销售台账,如实记录销售的品种、数量、日期、购买方等情况。销售台账和证明材料复印件应当保存 2 年备查。

第一类易制毒化学品的销售情况,应当自销售之日起 5 日内报当地公安机关备案;第一类易制毒化学品的使用单位,应当建立使用台账,并保存 2 年备查。

第二类、第三类易制毒化学品的销售情况,应当自销售之日起 30 日内报当地公安机关备案。

第四章　运输管理

第二十条　跨设区的市级行政区域(直辖市为跨市界)或者在国务院公安部门确定的禁毒形势严峻的重点地区跨县级行政区域运输第一类易制毒化学品的,由运出地的设区的市级人民政府公安机关审批;运输第二类易制毒化学品的,由运出地的县级人民政府公安机关审批。经审批取得易制毒化学品运输许可证后,方可运输。

运输第三类易制毒化学品的,应当在运输前向运出地的县级人民政府公安机关备案。公安机关应当于收到备案材料的当日发给备案证明。

第二十一条　申请易制毒化学品运输许可,应当提交易制毒化学品的购销合同,货主是企业的,应当提交营业执照;货主是其他组织的,应当提交登记证书(成立批准文件);货主是个人的,应当提交其个人身份证明。经办人还应当提交本人的身份证明。

公安机关应当自收到第一类易制毒化学品运输许可申请之日起 10 日内,收到第二类易制毒化学品运输许可申请之日起 3 日内,对申请人提交的申请材料进行审查。对符合规定的,发给运输许可证;不予许可的,应当书面说明理由。审查第一类易制毒化学品运输许可申请材料时,根据需要,可以进行实地核查。

第二十二条　对许可运输第一类易制毒化学品的,发给一次有效的运输许可证。

对许可运输第二类易制毒化学品的,发给 3 个月有效的运输许可证;6 个月内运输安全状况良好的,发给 12 个月有效的运输许可证。

易制毒化学品运输许可证应当载明拟运输的易制毒化学品的品种、数量、运入地、货主及收货人、承运人情况以及运输许可证种类。

第二十三条　运输供教学、科研使用的 100 克以下的麻黄素样品和供医疗机构制剂配方使用的小包装麻黄素以及医疗机构或者麻醉药品经营企业购买麻黄素片剂 6 万片以下、注射剂 1.5 万支以下,货主或者承运人持有依法取得的购买许可证明或者麻醉药品调拨单的,无须申请易制毒化学品运输许可。

第二十四条　接受货主委托运输的,承运人应当查验货主提供的运输许可证或者备案证明,并查验所运货物与运输许可证或者备案证明载明的易制毒化学品品种等情况是否相符;不相符的,不得承运。

运输易制毒化学品,运输人员应当自启运起全程携带运输许可证或者备案证明。公安机关应当在易制毒化学品的运输过程中进行检查。

运输易制毒化学品,应当遵守国家有关货物运输的规定。

第二十五条　因治疗疾病需要,患者、患者近亲属或者患者委托的人凭医疗机构出具的医疗诊断书和本人的身份证明,可以随身携带第一类中的药品类易制毒化学品药品制剂,但是不得超过医用单张处方的最大剂量。

医用单张处方最大剂量,由国务院卫生主管部门规定、公布。

第五章　进口、出口管理

第二十六条　申请进口或者出口易制毒化学品,应当提交下列材料,经国务院商务主管部门或者其委托的省、自治区、直辖市人民政府商务主管部门审批,取得进口或者出口许可证后,方可从事进口、出口活动:

（一）对外贸易经营者备案登记证明复印件；

（二）营业执照副本；

（三）易制毒化学品生产、经营、购买许可证或者备案证明；

（四）进口或者出口合同（协议）副本；

（五）经办人的身份证明。

申请易制毒化学品出口许可的，还应当提交进口方政府主管部门出具的合法使用易制毒化学品的证明或者进口方合法使用的保证文件。

第二十七条　受理易制毒化学品进口、出口申请的商务主管部门应当自收到申请材料之日起 20 日内，对申请材料进行审查，必要时可以进行实地核查。对符合规定的，发给进口或者出口许可证；不予许可的，应当书面说明理由。

对进口第一类中的药品类易制毒化学品的，有关的商务主管部门在作出许可决定前，应当征得国务院药品监督管理部门的同意。

第二十八条　麻黄素等属于重点监控物品范围的易制毒化学品，由国务院商务主管部门会同国务院有关部门核定的企业进口、出口。

第二十九条　国家对易制毒化学品的进口、出口实行国际核查制度。易制毒化学品国际核查目录及核查的具体办法，由国务院商务主管部门会同国务院公安部门规定、公布。

国际核查所用时间不计算在许可期限之内。对向毒品制造、贩运情形严重的国家或者地区出口易制毒化学品以及本条例规定品种以外的化学品的，可以在国际核查措施以外实施其他管制措施，具体办法由国务院商务主管部门会同国务院公安部门、海关总署等有关部门规定、公布。

第三十条　进口、出口或者过境、转运、通运易制毒化学品的，应当如实向海关申报，并提交进口或者出口许可证。海关凭许可证办理通关手续。

易制毒化学品在境外与保税区、出口加工区等海关特殊监管区域、保税场所之间进出的，适用前款规定。

易制毒化学品在境内与保税区、出口加工区等海关特殊监管区域、保税场所之间进出的，或者在上述海关特殊监管区域、保税场所之间进出的，无须申请易制毒化学品进口或者出口许可证。

进口第一类中的药品类易制毒化学品，还应当提交药品监督管理部门出具的进口药品通关单。

第三十一条　进出境人员随身携带第一类中的药品类易制毒化学品药品制剂和高锰酸钾，应当以自用且数量合理为限，并接受海关监管。

进出境人员不得随身携带前款规定以外的易制毒化学品。

第六章　监督检查

第三十二条　县级以上人民政府公安机关、负责药品监督管理的部门、安全生产监督管理部门、商务主管部门、卫生主管部门、价格主管部门、铁路主管部门、交通主管部门、市场监督管理部门、生态环境主管部门和海关，应当依照本条例和有关法律、行政法规的规定，在各自的职责范围内，加强对易制毒化学品生产、经营、购买、运输、价格以及进口、出口的监督检查；对非法生产、经营、购买、运输易制毒化学品，或者走私易制毒化学品的行为，依法予以查处。

前款规定的行政主管部门在进行易制毒化学品监督检查时，可以依法查看现场、查阅和复制有关资料、记录有关情况、扣押相关的证据材料和违法物品;必要时,可以临时查封有关场所。

被检查的单位或者个人应当如实提供有关情况和材料、物品,不得拒绝或者隐匿。

第三十三条 对依法收缴、查获的易制毒化学品,应当在省、自治区、直辖市或者设区的市级人民政府公安机关、海关或者生态环境主管部门的监督下,区别易制毒化学品的不同情况进行保管、回收,或者依照环境保护法律、行政法规的有关规定,由有资质的单位在环境保护主管部门的监督下销毁。其中,对收缴、查获的第一类中的药品类易制毒化学品,一律销毁。

易制毒化学品违法单位或者个人无力提供保管、回收或者销毁费用的,保管、回收或者销毁的费用在回收所得中开支,或者在有关行政主管部门的禁毒经费中列支。

第三十四条 易制毒化学品丢失、被盗、被抢的,发案单位应当立即向当地公安机关报告,并同时报告当地的县级人民政府负责药品监督管理的部门、安全生产监督管理部门、商务主管部门或者卫生主管部门。接到报案的公安机关应当及时立案查处,并向上级公安机关报告;有关行政主管部门应当逐级上报并配合公安机关的查处。

第三十五条 有关行政主管部门应当将易制毒化学品许可以及依法吊销许可的情况通报有关公安机关和市场监督管理部门;市场监督管理部门应当将生产、经营易制毒化学品企业依法变更或者注销登记的情况通报有关公安机关和行政主管部门。

第三十六条 生产、经营、购买、运输或者进口、出口易制毒化学品的单位,应当于每年3月31日前向许可或者备案的行政主管部门和公安机关报告本单位上年度易制毒化学品的生产、经营、购买、运输或者进口、出口情况;有条件的生产、经营、购买、运输或者进口、出口单位,可以与有关行政主管部门建立计算机联网,及时通报有关经营情况。

第三十七条 县级以上人民政府有关行政主管部门应当加强协调合作,建立易制毒化学品管理情况、监督检查情况以及案件处理情况的通报、交流机制。

第七章 法律责任

第三十八条 违反本条例规定,未经许可或者备案擅自生产、经营、购买、运输易制毒化学品,伪造申请材料骗取易制毒化学品生产、经营、购买或者运输许可证,使用他人的或者伪造、变造、失效的许可证生产、经营、购买、运输易制毒化学品的,由公安机关没收非法生产、经营、购买或者运输的易制毒化学品、用于非法生产易制毒化学品的原料以及非法生产、经营、购买或者运输易制毒化学品的设备、工具,处非法生产、经营、购买或者运输的易制毒化学品货值10倍以上20倍以下的罚款,货值的20倍不足1万元的,按1万元罚款;有违法所得的,没收违法所得;有营业执照的,由市场监督管理部门吊销营业执照;构成犯罪的,依法追究刑事责任。

对有前款规定违法行为的单位或者个人,有关行政主管部门可以自作出行政处罚决定之日起3年内,停止受理其易制毒化学品生产、经营、购买、运输或者进口、出口许可申请。

第三十九条 违反本条例规定,走私易制毒化学品的,由海关没收走私的易制毒化学品;有违法所得的,没收违法所得,并依照海关法律、行政法规给予行政处罚;构成犯罪的,依法追究刑事责任。

第四十条 违反本条例规定,有下列行为之一的,由负有监督管理职责的行政主管部门给予警告,责令限期改正,处1万元以上5万元以下的罚款;对违反规定生产、经营、购买的易制毒化学品可以予以没收;逾期不改正的,责令限期停产停业整顿;逾期整

顿不合格的,吊销相应的许可证:

(一)易制毒化学品生产、经营、购买、运输或者进口、出口单位未按规定建立安全管理制度的;

(二)将许可证或者备案证明转借他人使用的;

(三)超出许可的品种、数量生产、经营、购买易制毒化学品的;

(四)生产、经营、购买单位不记录或者不如实记录交易情况、不按规定保存交易记录或者不如实、不及时向公安机关和有关行政主管部门备案销售情况的;

(五)易制毒化学品丢失、被盗、被抢后未及时报告,造成严重后果的;

(六)除个人合法购买第一类中的药品类易制毒化学品药品制剂以及第三类易制毒化学品外,使用现金或者实物进行易制毒化学品交易的;

(七)易制毒化学品的产品包装和使用说明书不符合本条例规定要求的;

(八)生产、经营易制毒化学品的单位不如实或者不按时向有关行政主管部门和公安机关报告年度生产、经销和库存等情况的。

企业的易制毒化学品生产经营许可被依法吊销后,未及时到市场监督管理部门办理经营范围变更或者企业注销登记的,依照前款规定,对易制毒化学品予以没收,并处罚款。

第四十一条 运输的易制毒化学品与易制毒化学品运输许可证或者备案证明载明的品种、数量、运入地、货主及收货人、承运人等情况不符,运输许可证种类不当,或者运输人员未全程携带运输许可证或者备案证明的,由公安机关责令停运整改,处 5000 元以上 5 万元以下的罚款;有危险物品运输资质的,运输主管部门可以依法吊销其运输资质。

个人携带易制毒化学品不符合品种、数量规定的,没收易制毒化学品,处 1000 元以上 5000 元以下的罚款。

第四十二条 生产、经营、购买、运输或者进口、出口易制毒化学品的单位或者个人拒不接受有关行政主管部门监督检查的,由负有监督管理职责的行政主管部门责令改正,对直接负责的主管人员以及其他直接责任人员给予警告;情节严重的,对单位处 1 万元以上 5 万元以下的罚款,对直接负责的主管人员以及其他直接责任人员处 1000 元以上 5000 元以下的罚款;有违反治安管理行为的,依法给予治安管理处罚;构成犯罪的,依法追究刑事责任。

第四十三条 易制毒化学品行政主管部门工作人员在管理工作中有应当许可而不许可、不应当许可而滥许可,不依法受理备案,以及其他滥用职权、玩忽职守、徇私舞弊行为的,依法给予行政处分;构成犯罪的,依法追究刑事责任。

第八章 附则

第四十四条 易制毒化学品生产、经营、购买、运输和进口、出口许可证,由国务院有关行政主管部门根据各自的职责规定式样并监制。

第四十五条 本条例自 2005 年 11 月 1 日起施行。

本条例施行前已经从事易制毒化学品生产、经营、购买、运输或者进口、出口业务的,应当自本条例施行之日起 6 个月内,依照本条例的规定重新申请许可。

附表

易制毒化学品的分类和品种目录

第一类

1.1-苯基-2-丙酮

2.3,4-亚甲基二氧苯基-2-丙酮

3.胡椒醛

4.黄樟素

5.黄樟油

6.异黄樟素

7.N-乙酰邻氨基苯酸

8.邻氨基苯甲酸

9.麦角酸*

10.麦角胺*

11.麦角新碱*

12.麻黄素、伪麻黄素、消旋麻黄素、去甲麻黄素、甲基麻黄素、麻黄浸膏、麻黄浸膏粉等麻黄素类物质*

第二类

1.苯乙酸

2.醋酸酐

3.三氯甲烷

4.乙醚

5.哌啶

第三类

1.甲苯

2.丙酮

3.甲基乙基酮

4.高锰酸钾

5.硫酸

6.盐酸

说明：

一、第一类、第二类所列物质可能存在的盐类,也纳入管制。

二、带有＊标记的品种为第一类中的药品类易制毒化学品,第一类中的药品类易制毒化学品包括原料药及其单方制剂。

附录 G　实验报告模板

20_____年_____月_____日　　实验级别：_____　姓名：_____　学号：_____　温度：_____

(一)实验目的

(二)实验原理

(三)实验所用试剂

实验所涉及的原料、主产物、副产物的名称,分子式、相对分子质量、性状、熔点、沸点等物理常数,危险性,应急处理措施。

(四)实验步骤

简单、清晰地画出实验流程图,写出实验操作步骤、试剂用量,并标注步骤中对应的注意事项。

(五)实验记录

详细、实事求是地记录实验过程中的操作步骤、观察到的实验现象,温度记录至少 5 min 一次,最后能够根据自己的记录复盘整个实验过程。模板如表 G-1 所示。

表 G-1 实验记录模板

时间	步骤	现象	备注
14:20	加入 13 g NaBr		
14:30	开始加热		
14:35		反应瓶内开始产生大量气泡……	
结果	溴乙烷,9.0 g,无色透明液体		

(六)实验小结

总结实验经验与失败教训,分析产率低或质量不佳的原因。

(七)课后思考题

参 考 文 献

[1] 高占先.有机化学实验[M]. 4 版. 北京:高等教育出版社,2004.

[2] 张文勤,郑艳,马宁,等. 有机化学[M]. 5 版. 北京:高等教育出版社,2014.

[3] 刘湘,刘士荣.有机化学实验[M]. 2 版. 北京:化学工业出版社,2013.

[4] 吴晓艺.有机化学实验[M].北京:清华大学出版社,2012.

[5] 章鹏飞.有机化学实验[M]. 杭州:浙江大学出版社,2013.

[6] 庞金兴,袁泉.有机化学实验[M].武汉:武汉理工大学出版社,2014.

[7] 叶彦春,郭燕文,黄学斌.有机化学实验[M]. 2 版. 北京:北京理工大学出版社,2014.

[8] 孟晓荣,史玲.有机化学实验[M].北京:科学出版社,2013.

[9] 郗英欣,白艳红.有机化学实验[M].西安:西安交通大学出版社,2014.

[10] 吴美芳,李琳.有机化学实验[M].北京:科学出版社,2013.

[11] 田艳,赵玲艳,邓放明.辣椒色素单体分离纯化技术研究进展[J].食品与机械,2013
(1):250-254.